Berichte aus dem
Institut für Umformtechnik
der Universität Stuttgart
Herausgeber: Prof. Dr.-Ing. K. Lange

63

Wolfgang Schaub

Fließpressen von Sintermetall im Temperaturbereich zwischen 873 K (600 °C) und 1173 K (900 °C)

Mit 85 Abbildungen und 9 Tabellen

Springer-Verlag
Berlin Heidelberg New York 1982

Dipl.-Ing. Wolfgang Schaub

Institut für Umformtechnik
Universität Stuttgart

Dr.-Ing. Kurt Lange

o. Professor an der Universität Stuttgart
Institut für Umformtechnik

D 93

ISBN 978-3-540-11678-3   ISBN 978-3-642-52222-2 (eBook)
DOI 10.1007/978-3-642-52222-2

Gesamtherstellung: Drucken + Werben GmbH · Zettachring 12 · 7000 Stuttgart 80 (Fasanenhof-Industriegebiet) · Telefon (07 11) 715 60 06.
2362/3020—543210

GELEITWORT DES HERAUSGEBERS

Die Umformtechnik zeichnet sich durch sehr gute Werkstoffauswer-
tung und hohe Mengenleistung in der Serienfertigung gegenüber anderen Fertigungsverfahren aus, wobei Beibehaltung der Masse, Änderung der Festigkeitseigenschaften während eines Vorgangs und
elastische Rückfederung der Werkstücke nach einem Vorgang wesentliche Merkmale sind. Weiter sind die benötigten Kräfte, Arbeiten
und Leistungen sehr viel größer als z.B. bei spanenden Verfahren.
Die sichere Beherrschung eines Verfahrens in der industriellen
Fertigung und die zunehmende Forderung nach Vermeidung bzw. Mi-
nimierung spanender Nacharbeit erzwingen die geschlossene Betrachtung des Systems "Umformende Fertigung" unter zentraler Berücksichtigung plastizitätstheoretischer, werkstoffkundlicher und
tribologischer Grundlagen.

Das Institut für Umformtechnik der Universität Stuttgart stellt
entsprechend Forschung und Entwicklung zum einen auf die Erarbei-
tung von Grundlagenwissen in diesen Bereichen ab, zum anderen
untersucht und entwickelt es Verfahren unter Anwendung spezieller
Meßtechniken mit dem Ziel einer genauen quantitativen Ermittlung
des Einflusses der Parameter von Vorgang, Werkstoff, Werkzeug
und Maschine. Die Behandlung von Problemen des Maschinenverhal-
tens, der Maschinenkonstruktion sowie der Werkzeugauslegung und
-beanspruchung, der Auswahl hochbeanspruchbarer, verschleißfester
Werkzeugbaustoffe und schließlich der Tribologie gehört entsprechend ebenfalls zum Arbeitsgebiet, das durch die Erfassung
organisatorischer und betriebswirtschaftlicher Fragen abgerundet
wird.

Im Rahmen der "Berichte aus dem Institut für Umformtechnik" erscheinen in zwangloser Folge jährlich mehrere Bände, in denen
über einzelne Themen ausführlich berichtet wird. Dabei handelt
es sich vornehmlich um Abschlußberichte von Forschungsvorhaben,
Dissertationen, aber gelegentlich auch um andere Texte. Diese
Berichte sollen den in der Praxis stehenden Ingenieuren und Wis-
senschaftlern zur Weiterbildung dienen und eine Hilfe bei der
Lösung umformtechnischer Aufgaben sein. Für die Studierenden bie-
ten sie die Möglichkeit zur Vertiefung der Kenntnisse. Die seit

zwei Jahrzehnten bewährte freundschaftliche Zusammenarbeit mit
dem Springer-Verlag sehe ich als beste Voraussetzung für das
Gelingen dieses Vorhabens an.

Kurt Lange

Vorwort

Die vorliegende Arbeit entstand während meiner Tätigkeit am
Institut für Umformtechnik der Universität Stuttgart.

Herrn Professor Dr.-Ing. K. Lange danke ich sehr für sein ste-
tes Interesse und seine Unterstützung bei der Durchführung der
Arbeit.

Herrn Professor Dr. G. Zapf bin ich für die eingehende Durch-
sicht der Arbeit und wertvolle Hinweise dankbar.

Der Leitung des Hauses Sintermetallwerk Krebsöge GmbH bin ich
für die Bereitstellung der Untersuchungswerkstoffe und umfang-
reicher Einrichtungen des Hauses sehr zu Dank verpflichtet.
Darüber hinaus danke ich den Herren Dr. W. Huppmann und K.
Dalal für kritische Diskussionen und Ratschläge.

Mein Dank gilt weiterhin allen Mitarbeitern des Instituts für
Umformtechnik, die zum Gelingen der Arbeit beigetragen haben.

Die Mittel zur Durchführung der Untersuchung wurden von der
Deutschen Forschungsgemeinschaft zur Verfügung gestellt.

Stuttgart, März 1982

Wolfgang Schaub

Inhaltsverzeichnis

<u>Verzeichnis der wichtigsten Abkürzungen</u>

<u>Allgemeine Zeichen</u>

A	mm^2	Querschnittsfläche
A_g	%	Gleichmaßdehnung
A_v	J	Schlagarbeit
A_5	%	Bruchdehnung
c	$\dfrac{J}{g\,K}$	spezifische Wärme
D	cm^2/s	Diffusionskoeffizient
d	mm	Durchmesser
F	N	Kraft
h	mm	Höhe
I	Amp.	Stromstärke
k_f	N/mm^2	Fließspannung
l	mm	Länge
n		Verfestigungsexponent
n_K	min^{-1}	Hubzahl
P_{St}	N/mm^2	bezogene Stempelkraft
P	W/m^2	bezogene Leistung
Q	J	Aktivierungsenergie
R	J/KMol	Gaskonstante
$R_{p0,2}$	N/mm^2	Dehngrenze
R_{eH}	N/mm^2	obere Streckgrenze
R_m	N/mm^2	Zugfestigkeit
R_p	µm	Glättungstiefe
R_t	µm	Rauhtiefe
R_z	µm	gemittelte Rauhtiefe (DIN 4768, Teil 1)
T	°C	Temperatur
t	s	Zeit
V	mm^3	Volumen
v	mm/s	Geschwindigkeit
W	J	Energie
x	mm	Weg
Z	%	Brucheinschnürung
α	Grad	Winkel
$\hat{\alpha}$	rad	Winkel im Bogenmaß
δ	mm	Eindringtiefe
ε		Emissionsfaktor
ρ	g/cm^3	Dichte

$\tilde{\rho}$	Ω cm	spezifischer elektrischer Widerstand
μ		Reibzahl
$\tilde{\mu}$	$VsA^{-1}m^{-1}$	magnetische Permeabilität
φ		Umformgrad
$\dot{\varphi}$	s^{-1}	Umformgeschwindigkeit
ω	s^{-1}	Kreisfrequenz
σ	N/mm^2	Spannung

Indizes

bw	Biegewechsel...
m	mittlere
max	maximale
min	minimale
R	Rohteil...
rel	relative
rel0	relative Rohteil...
rel1	Werkstück...
S	Sinter...
St	Stempel...

Sonstige Abkürzungen und Begriffe

A	Atmosphäre
I	Induktives Sintern
K	Konventionelles Sintern
M	Mischgas
S	Sinterverfahren
VVFP	Voll-Vorwärts-Fließpressen
W	Wärmebehandlung

Gettern	Schutzmaßnahme beim Sintern zur Vermeidung von Oxidation und Randentkohlung

0   Einleitung

Die Entwicklung der Pulvermetallurgie war in den vergangenen
Jahren gekennzeichnet durch das Bestreben, den Erzeugnissen
dieses Industriezweiges neue Anwendungsgebiete zu erschließen.
Die Vielfalt der pulvermetallurgischen Produkte wird einerseits
durch eine flexible Legierungstechnik und andererseits durch
eine große Formenvielfalt ermöglicht. Sie hat durch legierungs-
technische Maßnahmen und die Einführung neuer Fertigungsverfahren, wie etwa das Sinterschmieden, eine wesentliche Erweiterung
erfahren.

Eine in gleicher Weise interessante Entwicklung hat sich in den
zurückliegenden Jahren bei den Fertigungsverfahren der Kaltmassivumformung und der Halbwarmumformung ergeben. Das Halbwarmumformen, das sich noch vor wenigen Jahren im Entwicklungs-
stadium befand, wird in immer stärkerem Maße in der industriellen Fertigung angewendet. Diese Innovationen sind heute noch
nicht abgeschlossen.

Zwischen den Verfahren der Kaltmassiv- bzw. Halbwarmumformung
einerseits und den pulvermetallurgischen Formgebungsverfahren
andererseits bestehen insofern Analogien, als in beiden Fällen
eine hohe Werkstoffausnutzung gegeben ist, deren Bedeutung mit
steigenden Energiekosten zunehmen wird [1, 2]. Ein unmittel-
bares Konkurrieren beider Technologien ist aufgrund der unterschiedlichen Anforderungen, die an die Erzeugnisse gestellt
werden, selten gegeben. Fließpreßteile werden im allgemeinen
für mechanisch höher beanspruchte Teile verwendet, während das
Sinterformteil - aufgrund seiner Restporosität - für solche
Anwendungen meist nicht in Frage kommt. Demgegenüber können
beim Pressen eines Sinterformteiles in einem Arbeitsgang
komplizierte Teile hergestellt werden, die oft mehrere Funk-
tionen in sich vereinigen und die durch Umformen entweder
gar nicht oder nur in mehreren Stufen mit anschließender
spanender Bearbeitung gefertigt werden können. Auch in geo-
metrischer Hinsicht unterscheiden sich die Anwendungsgebiete
beider Technologien. Während das Sinterformteil in der Regel
ein h/d-Verhältnis $\leq$ = 1 besitzt, können beim Fließpressen

vergleichsweise lange Teile hergestellt werden.

Seit einigen Jahren wird versucht, durch das Verknüpfen von Verfahren der Umformtechnik mit solchen der Sintertechnik zu verbesserten Produkteigenschaften und neuen Anwendungsmöglichkeiten zu gelangen. Ein Beispiel für eine gelungene derartige Verknüpfung ist die Sinterschmiedetechnik [3].

In neuerer Zeit wurde die Möglichkeit untersucht, pulvermetallurgische Vorformen bei verschiedenen Verfahren der Kaltmassivumformung anzuwenden. Die hierbei auftretenden hohen Flächenpressungen führen sowohl zu hohen Dichtewerten als auch zu beträchtlichen Festigkeitssteigerungen [4], bedingt durch die mit dem Vorgang verbundene Kaltverfestigung. Während die Festigkeitskennwerte kaltumgeformter Sintermetalle vergleichbar oder teilweise auch größer sind als diejenigen kaltumgeformter schmelzmetallurgischer Werkstoffe, erreichen die Zähigkeitskennwerte nicht die von schmelzmetallurgischen Werkstoffen bekannten Werte. Andererseits ist vom Halbwarmumformen erschmolzener Stähle bekannt, daß hier die Vorzüge der Kalt- und der Warmumformung weitgehend vereinigt werden können. Insbesondere werden sehr gute Zähigkeitseigenschaften erzielt. Die Kerbschlagarbeiten liegen hier im allgemeinen über denen des nicht umgeformten Ausgangszustands. So erreicht z. B. der Werkstoff 20 MnCr 5 im Ausgangszustand Schlagarbeiten von A_V (DVM) = 116 J, während nach dem Halbwarmfließpressen bei einer Rohteiltemperatur von 800 °C Schlagarbeiten von A_V (DVM) = 161 J vorliegen. Das Umformen pulvermetallurgischer Vorformen im Bereich der Halbwarmtemperatur sollte daher ebenso zu entsprechend günstigen Werkstoffkennwerten führen.

1   <u>Stand der Erkenntnisse</u>

Das plastische Verhalten pulvermetallurgischer Werkstoffe
wird einerseits durch die Plastizität des Grundmetalls und
andererseits durch die Porosität bestimmt. In den vergangenen
Jahren durchgeführte Untersuchungen befaßten sich sowohl mit
plastizitätstheoretischen Fragen, wie dem Einfluß des Span-
nungszustandes auf das Fließverhalten der Pulvermetalle, als
auch mit verfahrenstechnischen Problemen und wirtschaftlichen
Aspekten der Kalt- und Warmumformung von Sintermetallen.

Die in den Arbeiten [5, 6, 7 und 8] aufgestellten Stoffgesetze
für kompressible Werkstoffe wurden in [9] einer kritischen Betrachtung unterzogen. In [9] wurde gezeigt, daß diese Stoffgesetze formal identisch sind und sich lediglich in einer poro-
sitätsabhängigen Funktion unterscheiden, und daß die Festigkeitssteigerung beim Kaltumformen von Sintermetall vorwiegend
durch die Kaltverfestigung und nur unwesentlich durch die
Dichtezunahme verursacht wird.

Ein systematischer Vergleich zwischen kaltumgeformten schmelzmetallurgischen Werkstoffen und vergleichbaren Sinterformtei-
len wurde in [10] unter Berücksichtigung der technologischen
und ökonomischen Vorteile des jeweiligen Verfahrens vorgenommen. Es ergab sich, daß nur in wenigen Fällen eine Substitution der einen durch die andere Technologie möglich ist, da
die Anforderungsprofile zu unterschiedlich sind. Es wurde jedoch vorgeschlagen, beide Technologien zu kombinieren, um deren
Vorteile miteinander zu verknüpfen.

In [11, 12, 13, 14 und 15] wurde die Möglichkeit untersucht,
verschiedene Verfahren der Kaltmassivumformung auf pulvermetallurgische Vorformen anzuwenden, wobei verschiedentlich
auf Verfahrensgrenzen hingewiesen wird. In [4] wurde der Stoff-
fluß beim Voll-Vorwärts-Fließpressen von Sintereisen sowie der
Einfluß von Umformgrad, Matrizenöffnungswinkel und relativer
Rohteildichte auf die Dichte und mechanischen Eigenschaften
kaltfließgepreßter Sinterteile untersucht. In [16] werden das
Umformverhalten legierter Sintereisen betrachtet und die Auswirkungen verschiedener Nachbehandlungen sowie der Sinterbe-

dingungen auf die mechanischen Eigenschaften untersucht. Mittels einer Doppelbehandlung hinsichtlich Sintern und Verdichten kann dabei eine beträchtliche Steigerung der Zähigkeit bewirkt werden. Der durch den Sintervorgang im Hubbalkenofen in das Sinterteil gelangende Stickstoff bewirkt eine gegenüber stickstofffreien Teilen erhebliche Festigkeitssteigerung.

Die Ergebnisse der genannten Arbeiten lassen sich wie folgt zusammenfassen: Kaltumgeformte Sintermetalle weisen im wesentlichen die gleichen Vorzüge bezüglich Maßgenauigkeit, Oberflächenbeschaffenheit und Festigkeit auf wie kaltumgeformte schmelzmetallurgische Werkstoffe. Durch den Umformvorgang werden die statischen und in begrenztem Umfang die dynamischen Festigkeitseigenschaften von Sinterwerkstoffen verbessert. Die Duktilitätskennwerte: Brucheinschnürung, Gleichmaßdehnung und Bruchdehnung können nur in begrenztem Maße verbessert werden und liegen immer noch weit unter den Werten schmelzmetallurgischer Werkstoffe. Selbst die Anwendung von Doppelbehandlungen bezüglich Sintern oder Verdichten führt nicht ganz zu den bei konventionellen Kaltfließpreßwerkstoffen bekannten Zähigkeitskennwerten. Dennoch kann davon ausgegangen werden, daß die Anwendung des Kaltfließpressens von Sintermetallen in geeigneten Fällen zu einer rationellen Fertigung, verbunden mit wirtschaftlichen Vorteilen, führt.

Das Halbwarmumformen erschmolzener Stähle war in den vergangenen Jahren Gegenstand zahlreicher Untersuchungen. Eine der ersten Arbeiten über den Einfluß der Temperatur auf die Fließspannung und das Umformverhalten von Kohlenstoffstählen und niedriglegierten Einsatzstählen stammt von Lindner [17]. Fast gleichzeitig erschien eine Arbeit von Fritzsch und Siegel [18] über grundlegende Fragen des Halbwarmfließpressens und den Einfluß von Umformtemperatur, Umformgrad, Umformgeschwindigkeit und Legierungselementen auf die Fließspannung verschiedener Werkstoffe. Es folgten u. a. Arbeiten von Burgdorf [19], Dorosko, Lescinskij, Andrjuscuk [20], Hawkins [21], Binder [22], Geiger, Dannenmann, Stefanakis [23], Mamalis, Johnson, Marczinski [24], Hawkins, Tsinkpoulos [25], Hirschvogel [26] und Diether [27]. Ergänzend seien Arbeiten von

Doege, Melching, Kowallick [28] und Matthes [29] genannt, die
sich mit tribologischen Problemen beim Halbwarmumformen befaßten.

Die in den aufgeführten Arbeiten gewonnenen Ergebnisse können
wie folgt zusammengefaßt werden: Beim Halbwarmumformen erschmolzener Stähle im Temperaturbereich zwischen 450 °C und
800 °C ist gegenüber dem Kaltumformen der Kraftbedarf um den
Faktor 2 bis 4 niedriger. Die Fließkurven hochlegierter Stähle
weichen grundsätzlich von denen niedriglegierter Stähle ab.
Während erstere einen monotonen Abfall der Fließspannung mit
der Temperatur aufweisen, zeigen die Fließkurven der letzteren
eine Unstetigkeit, die Blausprödigkeit oder dynamische Reck-
alterung, die sich durch ein leichtes Ansteigen der Fließspannung im Bereich zwischen 350 °C und 450 °C bemerkbar macht.
Da erst bei 800 °C in nennenswertem Umfang Verzunderung einsetzt, weisen halbwarmumgeformte Stähle eine wesentlich bes-
sere Oberfläche auf als entsprechend warmumgeformte Werkstücke.
Entsprechendes gilt hinsichtlich der Maßgenauigkeit. Durch Umformen im halbwarmen Bereich werden wesentlich günstigere Duktilitätskennwerte erzielt als bei einer Kaltumformung [27].

Eine Anwendung des Halbwarmumformens sollte dann möglich sein,
wenn ein Kaltumformen wegen zu hoher Werkzeugbelastung nicht
vertretbar ist bzw. wenn dadurch Umformstufen eingespart werden können oder eine im Vergleich zur Warmumformung verbesser-
te Oberflächenbeschaffenheit und Maßgenauigkeit erwünscht ist.

Über das Halbwarmumformen von Sinterstählen wurde bislang nur
wenig veröffentlicht. Es handelt sich um Ergebnisse, die im
oberen Temperaturbereich der Halbwarmumformung in Zusammenhang mit dem Umformen bei Schmiedetemperaturen erhalten wurden.
In [30] wird das Sinterschmieden von Schwammeisenpulver zwischen 650 °C und 1200 °C untersucht. Ein Minimum für den Kraft-
und Arbeitsbedarf wird bei 900 °C gefunden, wobei bei 800 °C
die günstigsten Festigkeits- und Duktilitätskennwerte gemessen
werden.
In [31] wird das Heißnachverdichten von Pulvervorformen im
Temperaturbereich zwischen 650 °C und 1030 °C untersucht. Die

erzielbare Enddichte ist dabei weitgehend unabhängig von der Ausgangsdichte der Rohteile. Sie hängt vielmehr von der Zusammensetzung der Pulver, der Schmiedetemperatur und dem Preßdruck ab. Ein geringer Einfluß ist dabei auch durch die Temperatur des Werkzeugs vorhanden.

Das Sinterschmieden (Pulverschmieden) im Temperaturbereich zwischen 750 °C und 1200 °C ist Gegenstand der in [32] durchgeführten Untersuchung. Sintern und Schmieden werden bei der gleichen Temperatur durchgeführt, wodurch bei den tieferen Temperaturen entsprechend schlechtere mechanische Eigenschaften erzielt werden. Oberhalb 900 °C wird ein nicht zu erwartender Kraftanstieg gemessen.

In [33] wird über die Dichte und die mechanischen Eigenschaften halbwarmgeschmiedeter und wärmebehandelter Pulvervorformen berichtet. Die Zugfestigkeiten sind nur geringfügig niedriger als diejenigen sintergeschmiedeter Teile, während die Kerbschlagarbeiten gleich hoch liegen. Das Umformen in diesem Temperaturbereich führt zu einer größeren Lebensdauer der Werkzeuge gegenüber dem Sinterschmieden.

In [34] werden der Kraftbedarf, die erzielte Dichte und Härte beim Voll-Vorwärts-Fließpressen von Pulvervorformen im Temperaturbereich zwischen 750 °C und 1200 °C experimentell bestimmt. Es wird eine vom Umformgrad und der relativen Rohteildichte sowie von der Umformgeschwindigkeit abhängige Verfahrensgrenze ermittelt.

Das induktive Sintern und damit verbundene Probleme werden in den Arbeiten [35, 36, 37 und 38] behandelt. Sinterzeiten unter 5 Minuten sollten dabei realisierbar sein, wobei eine hinreichende Reduktion der Oxide und gute mechanische Eigenschaften, teils vergleichbar mit konventionell gesinterten Teilen, erzielbar sind.

Induktiv gesinterte und kaltfließgepreßte Sinterteile [16] zeichnen sich neben einem verminderten Kraftbedarf beim Fließpressen durch relativ hohe Brucheinschnürungen aus, während Härte und Zugfestigkeit kleiner sind als die ofengesinterter und fließgepreßter Teile.

2   <u>Ziel der Untersuchung</u>

2.1   <u>Grundsätzliches</u>

Die hohe Maßgenauigkeit und die Formenvielfalt, mit der Sinterformteile hergestellt werden können, bestimmen das Einsatzge-
biet dieser Produkte. Beim Fließpressen von Sintermetall bei
erhöhten Temperaturen können aber diese Maßgenauigkeit und
Formenvielfalt nicht erreicht werden. Hier treten andere Anwen-
dungskriterien in den Vordergrund: Die mechanischen Eigenschaften der fließgepreßten Werkstücke sowie die Möglichkeit,
durch Wahl geeigneter Vorformen die Zahl der Umformstufen
und damit die Fertigungskosten zu reduzieren. Die Wahl einer
geeigneten Vorform ist jeweils von der Form des Endproduktes
und den durchzuführenden Umformverfahren abhängig.

Wegen der Forderung nach guten mechanischen Eigenschaften der
fließgepreßten Sintermetalle - in Konkurrenz zu den schmelzmetallurgischen Werkstoffen - liegt der Schwerpunkt der vorliegenden Arbeit auf der Ermittlung der mechanischen Kennwerte. Neben den statischen Festigkeits- und Duktilitätskennwer-
ten interessiert insbesondere das dynamische Verhalten im Kerbschlagbiegeversuch und im Umlaufbiegeversuch. Durch eine Untersuchung der Einflüsse von Vorgangsparametern auf die mechanischen Eigenschaften der fließgepreßten Werkstücke soll eine
breite Grundlage für eine Anwendung in der industriellen Fertigung gegeben werden.

Wie bereits erwähnt, wird seit einigen Jahren das induktive Sintern untersucht. Dieses Verfahren ist in diesem Zusammenhang
deshalb interessant, da in der industriellen Fertigung induktive Erwärmungsanlagen häufig bei Halbwarm- oder Warmumform-
vorgängen wegen der sehr schnellen Erwärmung und der Automatisierungsmöglichkeiten [40] eingesetzt werden. Ein Ziel der Arbeit war es daher auch, durch unmittelbaren Vergleich zwischen
dem konventionellen Sintern und dem induktiven Kurzzeitsintern in Verbindung mit dem Halbwarmumformen zu einer Beurteilung der technologischen Möglichkeiten dieses Verfahrens zu gelangen.

2.2   Versuchswerkstoffe

Bei der Wahl der Versuchswerkstoffe war maßgebend, daß ein
möglichst weites Spektrum von Werkstoffen zur Anwendung kommen
sollte. Um eine einheitliche Basis zu schaffen, wurden ausschließlich wasserverdüste Pulver verwendet. Insgesamt kamen
6 verschiedene Werkstoffe vom reinen Eisen bis zum Vergütungs-
stahl zur Anwendung (siehe Tabelle   1).

Tabelle   1: Chemische Zusammensetzung der Versuchswerk-
              stoffe in %.

Nr.	Pulver	Fe	C	Mn	Cr	Mo	Ni	Cu
1	WPL 200	Rest	< 0,02	-	-	-	-	-
2	WPL 200+1%MCM	Rest	0,07	0,2	0,2	0,2	-	-
3	Ultrapac La+0,16%C	Rest	0,16	-	-	0,5	2,0	1,5
4	SAE 4600+0,42%C	Rest	0,42	0,2	-	0,6	1,9	-
5	WPL 200+0,1%C	Rest	0,1	-	-	-	-	-
6	WPL 200+1%MCM+0,35%C	Rest	0,42	0,2	0,2	0,2	-	-

Das Eisenpulver WPL 200 wurde einmal als reines Eisen verwendet
und diente andererseits als Basispulver für die Pulver 2, 5 und
6. Das Pulver zeichnet sich durch gute Kompaktierbarkeit sowie
durch eine hohe Grünlingsfestigkeit über den ganzen Dichtebereich aus. Der Sauerstoffgehalt liegt bei etwa 0,2 %, der
Kohlenstoffgehalt bei etwa 0,02 % [41].

Der Werkstoff 2 wurde durch Mischen von reinem WPL 200 mit
einer Vorlegierung hergestellt (99 % WPL 200 + 1 % Vorlegierung).
Diese Vorlegierung besteht zu etwa gleichen Teilen aus den Elementen Mangan, Chrom und Molybdän, die in komplex-karbidischer
Verbindung vorliegen. Hauptbestandteil dieser Verbindung, die
als MCM-Legierung bezeichnet wird, ist das Komplexkarbid
$(Cr, Mn, Fe, Mo)_7C_3$ [42]. Seine thermische Stabilität verhin-
dert ein Oxidieren der sauerstoffaffinen Legierungselemente
Mn, Cr und Mo während des Sintervorganges. Der Sauerstoffgehalt der Vorlegierung liegt bei etwa 0,2 % [42]. Die hohe Zersetzungstemperatur des Karbids (etwa 1250 °C) bedingt eine entsprechend hohe Sintertemperatur von etwa 1280 °C. Damit ist
jedoch eine hinreichende Homogenisierung des Sinterwerkstoffes

bei Sinterzeiten von 30 Minuten gewährleistet. Die Einbringung
der drei Legierungselemente Mn, Cr und Mo ist für die Stahler-
zeugung von Bedeutung, da diese Elemente die Härtbarkeit von
Stählen verbessern [43]. Für die Pulvermetallurgie sind diese
Metallkarbide von Interesse, da das Einbringen der stark sauerstoffaffinen Elemente Mn und Cr dadurch entscheidend verein-
facht wird [42, 44, 45, 46 und 47].

Als dritter Werkstoff wurde ein anlegiertes Pulver mit der Be-
zeichnung Ultrapac LA verwendet, dem 0,16 % Kohlenstoff beige-
mischt wurde. Unter einem anlegierten Pulver wird ein Sinterwerkstoff verstanden, der durch Mischen eines Basispulvers mit
den gewünschten Legierungselementen und anschließendes Glühen
in einer im allgemeinen reduzierenden Atmosphäre entsteht.
Hierbei kommt es an den Korngrenzen, d. h. an der Oberfläche
der Pulverpartikel, zu einer Legierungsbildung, während im
Kern der Pulverteilchen noch keine Mischkristallverfestigung
erfolgt. Hierdurch wird die gute Preßbarkeit des Basispulvers
weitgehend erhalten. Darüber hinaus wird bei Kupfer und Nickel
als Legierungskomponenten die Schrumpfung während des Sinterns
reduziert.

Der Werkstoff 4 war ein fertiglegiertes Pulver vom Typ SAE 4600.
Diesem Pulver wurden 0,42 % Kohlenstoff in Form von Graphit zu-
gefügt. Fertiglegierte Pulver zeichnen sich durch eine bereits
vor dem Sintern vorhandene gute Homogenisierung bezüglich der
Legierungselemente aus. Eine weitere Homogenisierung ist nur
noch bezüglich des beigemengten Kohlenstoffs erforderlich. Der
Nachteil dieser Pulver besteht darin, daß ihre Preßbarkeit aufgrund der Mischkristallverfestigung schlechter ist als diejeni-
ge vergleichbarer anlegierter Pulver oder von Pulvermischungen.
Darüber hinaus sind sie erheblich teurer als vergleichbare Pulvermischungen.

Mit den Pulversorten 1 bis 4 wurde der größte Teil der Versuche durchgeführt. Darüber hinaus wurden die Pulver 5 und 6 verwendet, um spezielle Fragen, wie den Einfluß von Legierungselementen, zu untersuchen. Pulver 5 ist eine Mischung aus
WPL 200 und Graphit. Pulver 6 bestand aus 98,65 % WPL 200,
1 % MCM und 0,35 % C, woraus sich ein Gesamtkohlenstoffgehalt
von 0,42 % (wie bei Pulver 4) ergab.

2.3 Versuchsmatrix

Die Planung der Versuche ergab sich aus der Überlegung, einerseits die Vielzahl der möglichen Einflußgrößen systematisch zu untersuchen, andererseits die Zahl der Einzelversuche auf ein vertretbares Maß zu beschränken. Dabei waren bei vielen Untersuchungen aus Gründen der statistischen Sicherheit wenigstens drei Einzelversuche je Meßpunkt erforderlich. Dies gilt insbesondere für die Kerbschlagbiegeversuche. Als mögliche Einflußgrößen wurden angesehen: Die Rohteiltemperatur T_R, der Umformgrad φ, das Sinterverfahren S (konventionell oder induktiv), die Sinterzeit t_S, die Sinteratmosphäre A, die relative Rohteildichte ρ_{rel0} sowie eine mögliche Wärmebehandlung. Insgesamt wurden etwa 1500 Einzelversuche durchgeführt. Die in Tabelle 2 dargestellte Versuchsmatrix zeigt den Kern der Untersuchungen.

Tabelle 2: Versuchsmatrix.

T_R	φ	ρ_{rel0}	S	t_S	A	W
600 °C bis 900 °C	1,2 1,6 1,9	0,9	K	30 min	M	
600 °C bis 900 °C	0,9 1,2 1,6 1,9	0,9	K	30 min	M	
600 °C, 800 °C	1,2 1,6 1,9	0,80 bis 0,93	K	30 min	M	
800 °C	1,2 1,6 1,9	0,9	I K	4 min 30 min	H_2 M	
800 °C	1,2	0,9	I	0 min 2 min 4 min 10 min	H_2	
800 °C	1,2	0,9	I	4 min	H_2 N_2	
800 °C	1,2	0,9	I	4 min	H_2	vergüten

Hierin sind nicht enthalten Versuche mit den Werkstoffen 5 und
6 sowie ergänzende Untersuchungen mit den Werkstoffen 1 bis 4.
Die stark umrandeten Felder zeigen jeweils die Variablen an,
während die in den anderen Feldern enthaltenen Werte als
Parameter anzusehen sind. Die Matrix stellt einen qualitativen Überblick dar und ist Grundlage einer detaillierteren
Versuchsplanung.

Besonders gründlich wurden der Einfluß der Rohteiltemperatur
und der des Umformgrades untersucht. Während das konventionelle Sintern in einer industriellen Sinteranlage durchgeführt
wurde, erfolgte die induktive Sinterung in einer labormäßigen
Versuchsanlage. Die Grünlinge mußten darin einzeln gesintert
werden, was einen erheblichen Zeitaufwand darstellte. Aus diesem Grunde wurden die induktiv gesinterten Teile nur bei einer
Rohteiltemperatur von 800 °C umgeformt.

Der Einfluß der Sinterzeit und der Sinteratmosphäre wurde am
Beispiel des induktiven Sinterns untersucht. Das induktive Sintern erwies sich zwar mit der vorhandenen Versuchsanlage -
wegen fehlender Automatisierungseinrichtung - als sehr zeit-
intensiv, doch hatte die Anlage hinsichtlich der untersuchten
Einflußgrößen den Vorteil, daß sie in wenigen Sekunden und mit
wenigen Handgriffen auf die geänderten Versuchsbedingungen
umgestellt werden konnte.
Der Einfluß der Rohteildichte wurde am Beispiel des Werkstoffs
2 und 3 untersucht.
Schließlich wurde bei einigen ausgewählten Versuchen die Aus-
wirkung einer Wärmebehandlung beobachtet.
Diesen Versuchen, die den grundsätzlichen Einfluß verschiedener Größen aufzeigen sollten, schlossen sich weitere Untersuchungen zur Beantwortung spezieller Fragen an, auf die in den
entsprechenden Abschnitten eingegangen wird.

3   Fließpreßversuche

Das Voll-Vorwärts-Fließpressen von niedriglegierten Kohlenstoffstählen, bei Raumtemperatur oder im Halbwarmbereich,
wirft heute keine grundsätzlichen Fragen mehr auf. Die Grenzen
des Verfahrens bei Raumtemperatur sind im wesentlichen durch
die zulässigen Werkzeugbelastungen [48] gegeben. Grundsätzlich
läßt sich diese Aussage auch auf das Halbwarmfließpressen über-
tragen. Die in diesem Fall noch zu lösenden Probleme betreffen
den Werkstoffverschleiß, der mit der thermischen Beanspruchung
der Werkzeuge korreliert [28]. Dagegen ist das Fließpressen
pulvermetallurgischer Vorformen mit Problemen behaftet, auf
die in den folgenden Abschnitten eingegangen werden soll, und
zu deren Eingrenzung und Lösung die vorliegende Arbeit einen
Beitrag leistet.

3.1   Rohteilherstellung

3.1.1   Pressen der Grünlinge

Die als Grünlinge bezeichneten ungesinterten Formteile werden
unter Ausnutzung der mechanischen Verfestigung und Verklammerung
der Pulverpartikel in einem Pressenhub hergestellt. Die in der
industriellen Fertigung eingesetzten Pulver enthalten dabei
preßerleichternde Mittel (Zinkstearate, Wachse), die sowohl den
Verschleiß der Werkzeuge als auch den erforderlichen Kraft
und Arbeitsbedarf mindern. Derartige Zusätze werden in der vorliegenden Arbeit nicht verwendet, um gleiche Voraussetzungen
für die konventionell oder induktiv gesinterten Teile zu schaffen. Das Austreiben dieser preßerleichternden Mittel, das in
industriellen Öfen in einer Ausbrennzone erfolgt, bereitet
beim induktiven Sintern erhebliche Schwierigkeiten, die mit
diesem speziellen Vorgang eng verbunden sind (vgl. Abschnitt
3.1.2.3).

Die Grünlinge wurden auf einer doppeltwirkenden hydraulischen
Presse (Fabrikat: Müller, Typ: ZE 160/200-10, Nennkraft:
2000 kN) hergestellt. Das Werkzeug zum Verdichten der Pulver
ist mit einer schwimmenden Matrize ausgestattet, so daß die

Relativbewegung zwischen Pulver und Matrizenwand möglichst
gering ist. Eine prinzipielle Darstellung des Verdichtungs-
werkzeuges zeigt Bild   1.

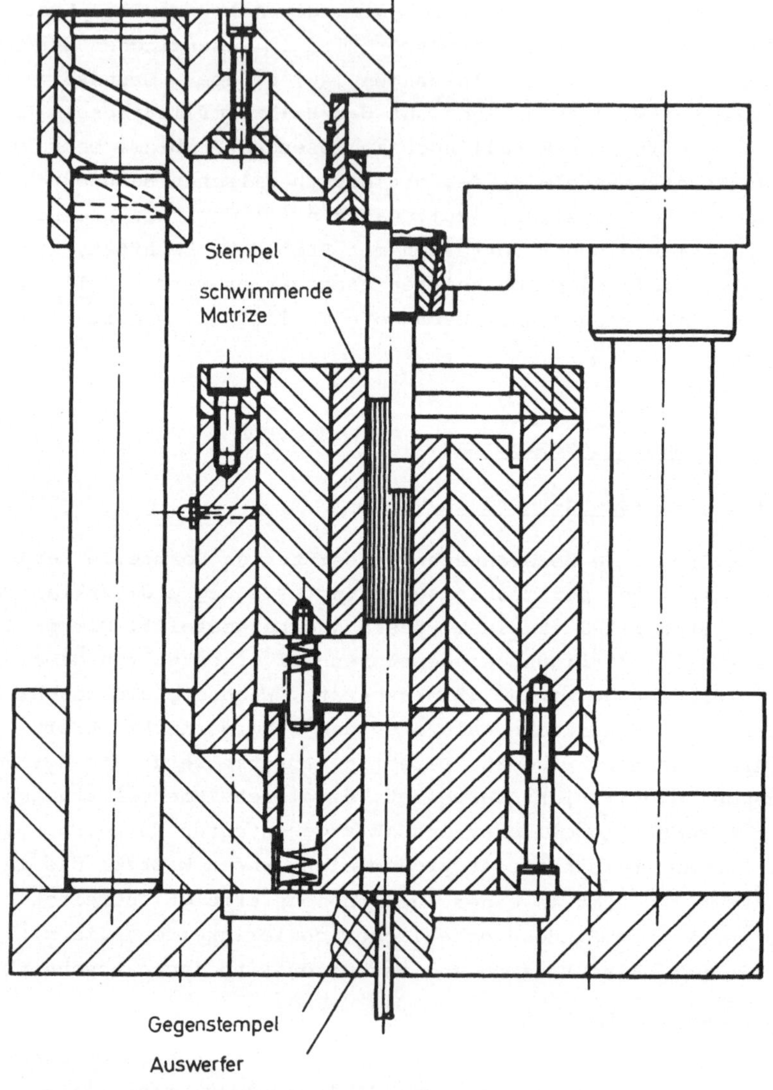

Bild   1: Prinzipielle Darstellung des Verdichtungswerkzeugs.

Insgesamt standen vier Matrizen mit vier verschiedenen Durch-
messern entsprechend den vier untersuchten Umformgraden zur
Verfügung. Die Bezeichnungen bzw. Abmessungen an Grünling und
Werkstück sind Bild 2 bzw. Tabelle 3 zu entnehmen.

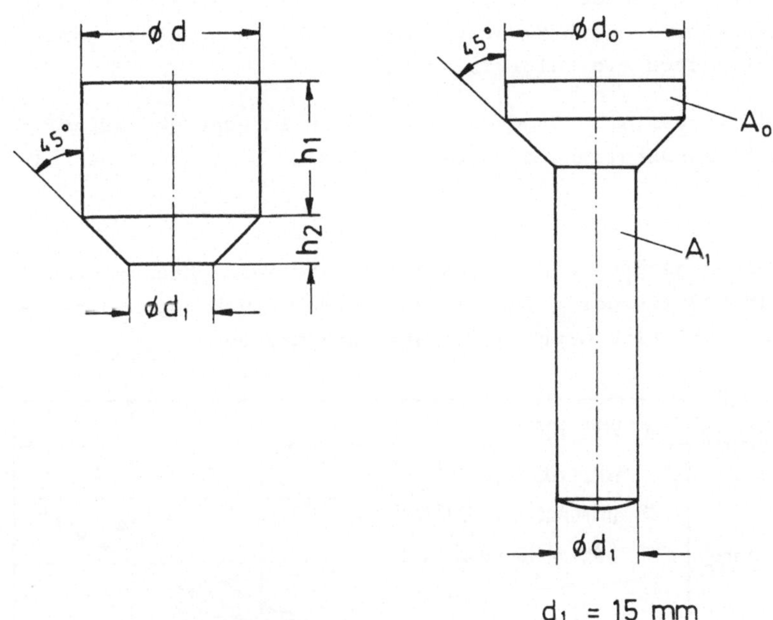

Bild 2:   Bezeichnungen an Grünling und Werkstück

Tabelle 3:   Abmessungen an Grünling (ρ_{rel0} = 0,9) und
              Werkstück.

φ	d in mm	h_1 in mm	h_2 in mm	d_0 in mm
0,9	23,3	35,8	4,2	23,7
1,2	27,0	29,5	6,0	27,4
1,6	33,0	24,0	9,0	33,5
1,9	38,2	19,5	11,6	38,7

Die Bemessung der jeweils erforderlichen Pulvermenge wurde
mit einer elektronischen Waage mit einer Ganggenauigkeit von
$\pm$ 0,005 g vorgenommen. Die Pulvermenge wurde dabei auf $\pm$ 0,03 g
exakt ausgewogen. Dies entspricht für die kleinste auszuwiegen-
de Pulvermenge von 118 g einer Genauigkeit von etwa 0,03 %. Als
Matrizenschmiermittel wurde ein Sprühmittel auf Teflonbasis
(PTFE 605) verwendet, das vor dem Einfüllen des Pulvers auf die
Matrizenwände gesprüht wurde. Das Austreiben des Lösungsmittels
erfolgte durch ein Heißluftgebläse.

Die Dichte der Grünlinge wurde durch entsprechende Variation
der Stößelendstellung der Presse mittels Abstandscheiben eingestellt.

Die Pulver zeigten ein unterschiedliches Verdichtungsverhalten.
In Bild 3 ist der erforderliche Stempeldruck gegen die erzielbare relative Grünlingsdichte aufgetragen.

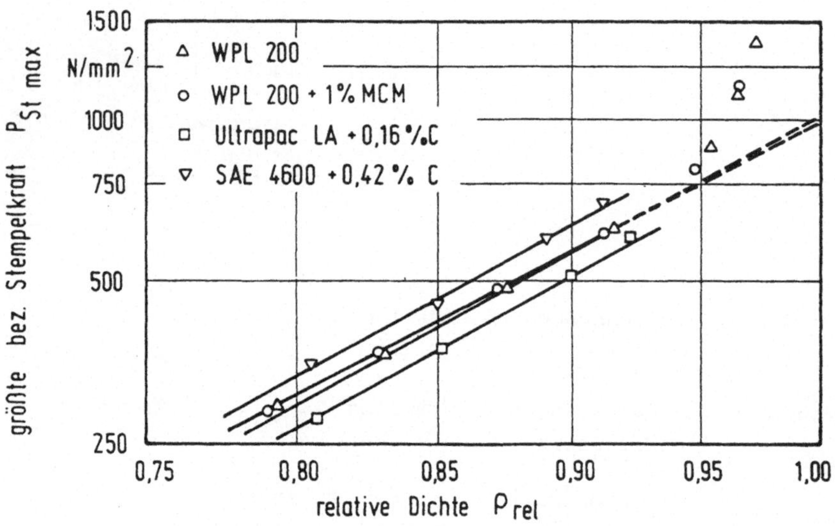

Bild 3: Verdichtungsverhalten der Versuchswerkstoffe.

Alle verwendeten Pulver können hinsichtlich ihres Verdichtungs-
verhaltens durch eine in [49] angegebene empirische Gleichung
beschrieben werden:

$$\ln \rho_{rel} = C_1 \ln P_{St} + C_2 \qquad (1)$$

Hier ist P_{St} die bezogene Stempelkraft, ρ_{rel} die relative
Grünlingsdichte, C_1 und C_2 sind Konstanten. C_1 hängt von der
Werkstoffverfestigung und der Kompressibilität ab, während C_2
von der Partikelform, den Reibverhältnissen, der Schüttdichte
sowie der Grundfestigkeit des Werkstoffes abhängt. Abweichungen
von Gl. (1) ergeben sich erst oberhalb einer rel. Dichte von 0,95.

3.1.2 Sintern der Grünlinge

3.1.2.1 Allgemeines

Unter Sintern wird eine Glühbehandlung verstanden, bei der durch
Diffusion eine Verschweißung von im allgemeinen pulverförmigen
Teilchen zustande kommt. Der ungesinterte Körper, der seine
geometrische Form meist durch äußeren Druck erhält, wird Grünling genannt. Bei Metallen setzt sich der Diffusionsprozess
aus drei Anteilen zusammen, der Volumen-, der Oberflächen- und
der Korngrenzendiffusion. Wie bei allen thermisch aktivierten
Vorgängen hängt die Geschwindigkeit des Vorganges nach Art
einer Arrhenius-Gleichung von der Temperatur ab; der Diffusionskoeffizient D berechnet sich zu:

$$D = D_o \exp(-Q/RT) \qquad (2)$$

Dabei ist D_o eine Stoffkonstante, die weitgehend temperatur-
unabhängig ist, Q die Aktivierungsenergie, R die Gaskonstante
und T die absolute Temperatur. Es ist zwischen Selbstdiffusion
- Diffusion einer Atomsorte in dem mehrheitlich aus der gleichen Atomsorte bestehenden Metall - und Fremddiffusion - Diffusion
einer Atomsorte in dem mehrheitlich aus einer anderen Atomsorte
bestehenden Metall - zu unterscheiden. Die Diffusionsgeschwindigkeit wird vor allem von der Temperatur beeinflußt. Ausnahmen
können in Temperaturbereichen gegeben sein, in denen allotrope
Umwandlungen, z. B. die α-γ -Umwandlung des Eisens, vorliegen.

In diesem konkreten Fall fällt der Selbstdiffusionskoeffizient
beim Übergang vom kubisch raumzentrierten α-Eisen in das kubisch
flächenzentrierte γ-Eisen um etwa zwei Zehnerpotenzen. Dies
kann jedoch durch eine entsprechende Temperaturerhöhung ausge-
glichen werden.
Die Zugabe von Fremdatomen (Legierungsatomen) in das Eisengitter spielt dabei eine wesentliche Rolle. Hierdurch wird nicht
nur die Selbstdiffusion des Eisens, sondern auch die Diffusion
zulegierter und anderer im Eisengitter enthaltener Atomsorten
beeinflußt. Die Zugabe von Chrom(bei der MCM-Legierung) hat auf
die Selbstdiffusion des α-Eisens [50] wie auch auf die Diffusion
des Kohlenstoffes im γ-Eisen einen hemmenden Effekt. Dieser
ist darauf zurückzuführen, daß der Atomradius des Chrom nur wenig
von dem des Eisens abweicht und daß die Bindungsenergie zwischen
Chrom- und Eisenatomen bei kleiner Chrom-Konzentration im
 γ-Eisen größer ist als die Bindungsenergie zwischen den
Eisenatomen selbst. Neben Chrom üben die Karbidbildner Mangan
und Molybdän eine reduzierende Wirkung auf die Kohlenstoff-
Aktivitäten aus. Ihr Einfluß ist jedoch um einen Faktor 20 geringer als der des Chrom [50]. Aus den genannten Gründen geht her-
vor, daß die Sinterung der MCM-Legierung bei möglichst hoher
Temperatur erfolgen muß, um eine Homogenisierung des Werkstoffes
zu erreichen und damit die Eigenschaften der für die Stahlher-
stellung wichtigen Elemente Mangan, Molybdän und Chrom optimal
zu nutzen.

3.1.2.2 Konventionelles Sintern

Die in dieser Untersuchung bearbeiteten Werkstoffe 1 bis 5
wurden, um gleiche Anfangsbedingungen zu schaffen, alle bei
1280 °C gesintert. Die Sinteratmosphäre bestand aus 70 % Stickstoff und 30 % Spaltgas. Die Grünlinge wurden in einem Hubbalkenofen unter in der industriellen Fertigung üblichen Bedingungen durchgesintert. Die Pulver 2 bis 5 wurden wegen der vorhandenen Legierungselemente mittels eines Eisen-Aluminium-
Pulvers gegettert. Die Verweildauer in der Hochtemperaturzone
des Ofens betrug in allen Fällen etwa 30 Minuten.

Dieser Vorgang wird im folgenden stets als konventionelles
Sintern bezeichnet.

3.1.2.3 Induktives Sintern

Induktive Erwärmungsanlagen werden in der industriellen Praxis
für die verschiedensten Zwecke eingesetzt, wie das Wärmen von
Schmiedestücken, zum Schmelzen von Metallen, zur Oberflächen-
härtung, zum Löten, Schweißen usw. Der Vorteil der induktiven
Erwärmung gegenüber anderen Verfahren liegt in der hohen Ener-
giedichte, die in dem zu erwärmenden Werkstück erzeugt wird.
Durch ein zeitlich veränderliches Magnetfeld werden Wirbelströme
induziert, deren Ohmsche Verluste zu einer schnellen Erwärmung
des Werkstückes führen. Hierbei wird gezielt nur das Werkstück
erhitzt, während die Umgebung lediglich durch die Wärmeverluste
des Werkstückes leicht erwärmt wird. Induktive Erwärmungsanlagen sind im Gegensatz zu Gasöfen sehr schnell einsatzbereit
und eignen sich ausgezeichnet für eine Automatisierung bei
Serienfertigungen.

Für die vorliegende Untersuchung wurde eine Induktionserwär-
mungsanlage mit einer Nennleistung von 35 kW verwendet (Fabrikat: HWG, Typ GIS 20035 A). Die Anlage arbeitet bei einer Frequenz von 4 kHz, die nicht verändert werden kann.

Die Grünlinge wurden in einem eigens hierfür gebauten luft-
dichten Glasgefäß, das von der Induktorspule umgeben ist
(Bild 4), bei 1300 °C gesintert.

Der Sintervorgang gliedert sich wie folgt:

Einlegen und Zentrieren des Grünlings, Evakuieren des Rezipienten auf etwa 2×10^{-3} bar, Fluten mit Stickstoff (Reinheit:
99,99 %, Taupunkt:-65 °C), Evakuieren, Fluten mit Wasserstoff
(Reinheit: 99,9 %, Taupunkt: - 55 °C), Sintern unter Wasser-
stoffspülung, Abkühlen auf Umformtemperatur, Evakuieren, Fluten mit Stickstoff, Entnahme der Probe. Die Grünlinge wurden
in zwei Stufen auf Sintertemperatur aufgeheizt. In der ersten
Leistungsstufe erreichten die Teile gerade die Curietemperatur.

Bild 4: Induktive Sinteranlage.

Sobald dieser Bereich überschritten war, konnte auf eine
höhere Leistungsstufe umgeschaltet werden. Diese Maßnahme erwies sich als vorteilhaft, da somit das Entstehen von Schmelz-
rissen (vgl. Abschnitt 3.1.2.4) und das Umkippen der Teile
aufgrund von auftretenden Drehmomenten im Magnetfeld der Spule vermieden wurde. Weiterhin konnte somit eine definier-
te Aufheizdauer von 5 Minuten eingehalten werden. Die Sintertemperatur wurde von der Anlage automatisch geregelt.

Zur Temperaturmessung diente ein Infratherm-Meßumformer
(Fabrikat: Gulton, Typ: IS 2). Der Meßfleck des Pyrometers
war dabei auf die Mitte der Probenstirnfläche gerichtet, die
Kalibrierung erfolgte mittels eines Thermoelementes, das unmittelbar unter dem Meßfleck in eine Testprobe eingebracht
wurde. Die gemessenen Abweichungen zwischen den Werten des
Thermoelementes und der Pyrometeranzeige betrugen im Temperaturbereich von 550 °C bis 1150 °C weniger als 10 °C. Bei
Berücksichtigung der Fehler des Pyrometeranzeigegerätes (Typ:

West MC 40) von $\pm$ 1 % und des Thermoelementes von $\pm$ 1 % ergibt sich ein maximaler Fehler der Temperaturanzeige von $\pm$ 2 %.

Die so gesinterten Teile wurden, nachdem sie auf Umformtemperatur abgekühlt waren, quasi aus der Sinterhitze umgeformt.

3.1.2.4 Problematik des induktiven Sinterns

Die Vorzüge der induktiven Erwärmung, die in Abschnitt
3.1.2.3 herausgestellt wurden, gelten auch für das induktive
Sintern. Dennoch soll auf eine gewisse Problematik hingewiesen
werden, die teils durch spezifische Eigenschaften der Pulvermetalle, teils durch den Vorgang selbst bedingt ist.

Eine vorgangsbedingte Erscheinung ist der Skineffekt [51].
Dieser tritt bei allen höherfrequenten Wechselströmen auf und
bewirkt eine Stromverdrängung im Leiter in Richtung auf die
Oberfläche des Leiters. Unter der Annahme, daß die Eindringtiefe des Stromes klein ist gegen den Durchmesser des strom-
führenden Leiters, gilt für die Eindringtiefe [51]:

$$I_x = I_o \exp (-x/\delta) \tag{3}$$

I_x ist die Stromstärke an der Stromstelle x, I_o die Stromstärke an der Oberfläche des Leiters und δ die Eindringtiefe des
Stromes. Diese gibt an, an welcher Stelle die Stromstärke auf
1/e des Oberflächenwertes gefallen ist. Es gilt [51]:

$$\delta = \sqrt{\frac{2\,\tilde{\rho}}{\tilde{\mu}\,\omega}} \tag{4}$$

Hierin ist $\tilde{\rho}$ der spezifische Widerstand des Leiters, $\tilde{\mu}$ die
Permeabilität und ω die Kreisfrequenz des Stromes. Für die
induzierte Leistung sind die Ohmschen Verluste maßgebend. Diese
sind dem Quadrat der Stromstärke proportional, so daß die Eindringtiefe der Leistung nur δ/2 beträgt. Daher werden bereits
innerhalb der Stromeindringtiefe δ 86 % der gesamten Leistung
umgesetzt, so daß bei zu großer Leistungsdichte, d. h. zu
schneller Aufheizgeschwindigkeit, Schmelzrisse entstehen [37]
Bei zu hohen Aufheizgeschwindigkeiten treten diese
Versagensfälle immer an der Oberfläche auf, bedingt

durch den Skineffekt. Bei Teilen mit im Verhältnis zur Oberfläche sehr kleinem Volumen kann selbst im stationären Betrieb eine Überhitzung und damit ein Anschmelzen im Inneren auftreten [16]. In diesem Fall wird das Teil an der Oberfläche durch Strahlung und Konvektion gekühlt, während im Inneren eine Überhitzung eintritt.

Ein weiterer Effekt bei der induktiven Erwärmung ist der sogenannte Annäherungseffekt. Dieser bewirkt bei Annäherung des Werkstückes an die Spule ein Zusammenziehen der Strombahnen im Werkstück, was einmal durch mangelhaftes Zentrieren desselben verursacht wird oder dadurch, daß der Außendurchmesser des Werkstückes nur wenig kleiner ist als der Innendurchmesser der Spule.

Sowohl der Skineffekt als auch der Annäherungseffekt sind bei der induktiven Erwärmung bzw. Sinterung nicht zu vermeiden, wohl aber durch geeignete Wahl der Arbeitsfrequenz sowie der geometrischen Abmessungen auf ein vertretbares Maß zu reduzieren.

Aus den genannten Gründen folgt, daß beim induktiven Sintern kein homogenes Temperaturfeld entstehen kann wie in gasbefeuerten Öfen, wenn das Werkstück klein ist gegen die Ofenabmessungen. Es wurde daher die Temperaturdifferenz zwischen der Mitte der Mantelfläche und der dem Pyrometer zugewandten Stirnfläche bei zwei Testproben unterschiedlicher Abmessungen ermittelt. Hierfür wurde jeweils ein Thermoelement etwa 1,5 mm unterhalb der Oberfläche angebracht. Es ergab sich in beiden Fällen eine deutliche Differenz zwischen den Meßstellen, siehe Bild 5.

Die Temperaturdifferenz nimmt mit steigender Temperatur T_2, lediglich unterbrochen im Bereich der Curietemperatur, zu. Bei der Curietemperatur geht das ferromagnetische Eisen in den paramagnetischen Zustand über, wobei die Permeabilität des Werkstoffes um Größenordnungen abnimmt. Dadurch steigt die Eindringtiefe des Stromes sprunghaft an, so daß in einem kleinen Temperaturbereich eine etwas homogenere Temperaturverteilung vorliegt.

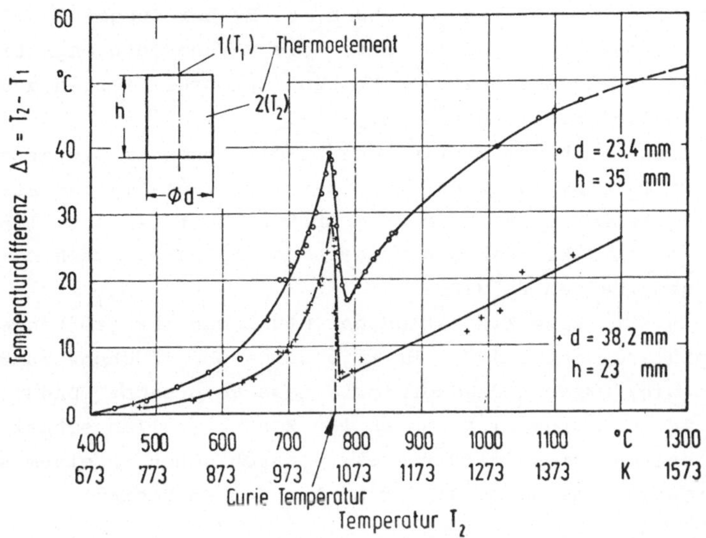

Bild 5: Auftretende Temperaturdifferenzen bei induktiver
Erwärmung (stationärer Zustand).

Die beobachteten Temperaturunterschiede gelten nur für die
konkreten beiden Meßstellen. Für andere Meßstellenkombinatio-
nen können sich, wegen der Vielfalt der Einflußfaktoren, ganz
andere Temperaturdifferenzen ergeben. Für die Reproduzierbar-
keit des Sintervorgangs ist es daher wichtig, daß die zylindrischen Teile exakt zentriert sind, so daß der Pyrometerfleck
stets im Zentrum der oberen Stirnfläche der Probe liegt. Die
hier vorliegende Temperatur kann bei einer Sintertemperatur
von 1300 °C in bestimmten Fällen bis zu 130 °C unterhalb der
Temperatur in der Mitte der Mantelfläche des Sinterteiles
liegen.

Eine weitere Schwierigkeit beim induktiven Sintern besteht
darin, daß die in der industriellen Praxis verwendeten preßerleichternden Mittel vor dem eigentlichen Sintervorgang aus
dem Teil ausgebrannt werden müssen. Inwiefern dies bei den nur
wenigen Minuten dauernden induktiven Sintervorgängen realisiert
werden kann, ist bislang noch nicht bekannt.

Das Auftreten einer flüssigen Phase, z. B. bei Zugabe von Cu
in Sintereisen, kann, bedingt durch die vorhandenen magneti-
schen Kräfte, zu unerwünschten Konzentrationsgradienten des
Kupfers im Sinterteil führen [37].
Ungeklärt ist auch der Einfluß des Stromflusses im Sinterteil
auf die Diffusionsgeschwindigkeit des Matrixmetalls und seiner
Legierungselemente. Daß hier eine Abhängigkeit besteht, läßt
sich aus den bei kleinen Sinterzeiten erzielbaren guten mechanischen Eigenschaften folgern.
Der hohe elektrische Widerstand der Grünlinge ist größtenteils
intergranularer Natur [52]. Er wird durch Oberflächenverunrei-
nigungen wie: Oxide und adsorbierte Gase verursacht. Dadurch
ist die Temperaturentwicklung an den Kontaktstellen schneller
als im Inneren der Pulverpartikel, wodurch schon in einem sehr
frühen Stadium das Wachstum der Sinterbrücken beginnt.

3.1.2.5 Energiebedarf beim Sintern

Da der Energiekostenanteil, der in der Herstellung des Werk-
stückstoffes gründet, gegenüber allen anderen Anteilen bei
der Herstellung eines Werkstückes dominiert [53], wird mit
steigenden Energiekosten die Bedeutung der beiden Verfahrens-
gruppen, Sintertechnologie und Umformtechnik, zunehmen. Dennoch
kann davon ausgegangen werden, daß auch der Sintervorgang
selbst noch gewisse Einsparmöglichkeiten an Primärenergie
beinhaltet. Im folgenden soll ein Vergleich zwischen dem konventionellen Sintern und dem induktiven Sintern hinsichtlich
des Energiebedarfs vorgenommen werden.

Nach [2, 54] werden für das Sintern von 100 kg Eisenpulver
etwa 115 kWh Energie benötigt. Für das induktive Sintern kann
aufgrund der geringen Erwärmung der Umgebung des Sinterteiles
davon ausgegangen werden, daß die gesamte abgegebene Leistung
in das Sinterteil geht. Bei Erreichen der Sintertemperatur
stellt sich somit ein Gleichgewichtszustand ein, wo die Ohmschen
Verluste im Sinterteil dessen Wärmeverluste gerade kompensie-
ren. Diese Wärmeverluste sind wegen der hohen Temperatur vorwiegend Strahlungsverluste [51]. Es kann daher das Stefan-
Bolzmannsche Strahlungsgesetz zur Berechnung der Leistungsab-

gabe bzw. Leistungsaufnahme verwendet werden:

$$P_R = c \, \varepsilon \, (T_S^4 - T_U^4). \tag{5}$$

P_R ist die abgegebene Strahlungsleistung pro Flächeneinheit $[W/m^2]$,
c eine Konstante, ε der Emissionsfaktor des Teiles, T_S die
Sintertemperatur und T_U die Umgebungstemperatur in Kelvin.
Da die Temperatur mit der vierten Potenz in die Gleichung ein-
geht, kann der Einfluß der Umgebungstemperatur vernachlässigt
werden. Bei einer Sintertemperatur von 1300 °C, einer Sinterzeit von 4 Minuten und einem Stückgewicht von 100 g ergibt
sich ein Energiebetrag von 56 kWh für 100 kg Gesamtmasse, d. h.
1000 Teile. Dieser Energiebetrag ist erforderlich, um die Sinterteile 4 Minuten auf Temperatur zu halten. Hierzu muß der
Betrag addiert werden, der notwendig ist, um die Teile auf Sintertemperatur zu erhitzen. Unter der vereinfachenden Annahme,
daß die Temperatur linear mit der Zeit ansteigt, läßt sich der
Energiebetrag nach [51] wie folgt berechnen:

$$W_R = 7,94 \quad 10^{-9} \frac{(T_S^5 - T_U^5)}{(T_S - T_U)} \, t \tag{6}$$

Hier gelten analoge Überlegungen wie bei Gleichung (5). Bei
einer Aufheizdauer von 5 Minuten ergibt sich dann ein zusätz-
licher Energiebedarf von 16 kWh für die o. g. 1000 Teile,
d. h. insgesamt 72 kWh. Bei einem angenommenen Wirkungsgrad
von 70 %, wie für Mittelfrequenzanlagen üblich [40], ergibt
sich ein Energiebedarf von 103 kWh. Die Vorteile beim induktiven Sintern hinsichtlich des Energiebedarfs sind somit gering,
es ergeben sich jedoch Platz- und Zeitvorteile.

3.2 Voll-Vorwärts-Fließpressen

3.2.1 Umformmaschine

Zur Durchführung der Voll-Vorwärts-Fließpreßversuche stand
eine Kurbelpresse (Fabrikat: Komatsu-Maypres, Typ: MKR
2-200/40) mit einer Nennkraft von 2000 kN zur Verfügung. Die
Maschine (max. Hub:400 mm) wurde mit einer Hubzahl von 28 min^{-1}
gefahren. Die Stempelauftreffgeschwindigkeit lag dabei je nach

Umformgrad zwischen 150 mm/s und 315 mm/s.

Beim Kaltfließpressen [4] von Sintermetallen kann vor Beginn des eigentlichen Fließpreßvorgangs eine nahezu vollständige Verdichtung des Werkstoffes im Kopfbereich des Voll-Vorwärts-Fließpreßteiles beobachtet werden. Dies gilt auch insbesondere für den hier vorliegenden Fall des Halbwarmfließpressens. Der diesem Verdichtungsvorgang unmittelbar folgende Umformvorgang kann daher wie das Umformen eines inkompressiblen Werkstoffes behandelt werden. Für die Berechnung der mittleren Umformgeschwindigkeit läßt sich die in [55] angegebene Gleichung verwenden:

$$\dot{\varphi}_m = \frac{6 \, \varphi \, d_o^2 \, v_{St}}{d_o^3 - d_1^3} \quad . \tag{7}$$

Hier ist φ der Umformgrad, d_o der Rohteildurchmesser, v_{St} die Stempelauftreffgeschwindigkeit und d_1 der Schaftdurchmesser. Für die untersuchten Umformgrade ergeben sich die mittleren Umformgeschwindigkeiten nach Gleichung (7) zu:

φ	0,9	1,2	1,6	1,9
$\dot{\varphi}_m , s^{-1}$	99	86	67	48

3.2.2   Umformwerkzeug

Das Werkzeug zum Voll-Vorwärts-Fließpressen der gesinterten Rohteile gleicht grundsätzlich den bei Kaltfließpreßvorgängen verwendeten Werkzeugen. Bild 6 zeigt den Aufbau des Versuchswerkzeuges.

Die verwendeten Matrizen sind zweifach armiert und haben jeweils Schulteröffnungswinkel von 2 α = 90 °. Folgende Werkzeugstoffe wurden für die hoch beanspruchten Teile des Werkzeuges eingesetzt:

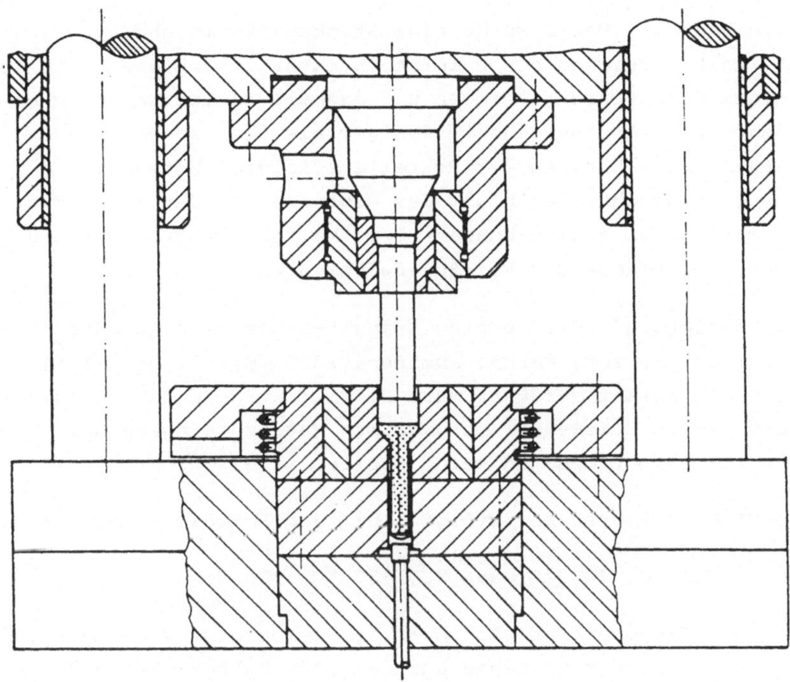

Bild 6: Werkzeug zum Voll-Vorwärts-Fließpressen.

Stempel: der Schnellarbeitsstahl S10-4-3-10
Preßbüchse: der Kaltarbeitsstahl X155CrVMo12 1
Schrumpfringe: der Warmarbeitsstahl X40CrMoV 51.

Das Werkzeug wurde mittels einer elektrischen Heizwendel vorge-
wärmt, die um die Armierungsringe gelegt wurde. Die Heizung
wurde etwa zwei Stunden vor Arbeitsbeginn eingeschaltet, so daß
im stationären Zustand eine Temperatur im Aufnehmer des Werkzeuges von etwa 160 °C herrschte. Gleichzeitig wurde der Stempel in den Aufnehmer eingefahren, um hier ebenso einen Tem-
peraturschock zu vermeiden.

3.2.3   Durchführung der Fließpreßversuche

Die in Abschnitt 3.1.2.3 beschriebene induktive Erwärmungsan-
lage wurde auch für die Erwärmung der konventionell gesinterten

Teile benutzt. Dabei wurde eine Stickstoffatmosphäre verwendet. Nach Erreichen der Umformtemperatur wurden die Rohteile aus dem Rezipienten genommen und manuell in das Werkzeug eingelegt. Der Vorgang dauerte weniger als 5 s, so daß keine wesentliche Abkühlung der Rohteile erfolgte. Entscheidend für eine unerwünschte Abkühlung der Rohteile war der Kontakt derselben mit der um einige hundert Grad kälteren Aufnehmer- und Stempeloberfläche des Fließpreßwerkzeuges.

Als Schmierstoff diente eine Graphit-Dispersion (Hersteller: Schaaf und Meurer, Marke: Sumidera 182), die im Verhältnis 1 : 5 mit Wasser verdünnt war. Hiermit wurde die mittels der elektrischen Heizwendel vorgewärmte Matrize eingesprüht. Die Rohteile selbst besaßen keine Schmiermittelschicht.

Die Fließpreßversuche erfolgten bei den Rohteiltemperaturen:

$$600 \text{ °C}, \ 700 \text{ °C}, \ 800 \text{ °C}, \ 850 \text{ °C}, \ 900 \text{ °C}$$

Als Rohteiltemperatur wird hier die Temperatur verstanden, die die Teile bei der Entnahme aus dem Ofen hatten. Wegen der kurzen Hantierungszeiten zwischen Ofen und Presse und den unter Schutzgas ablaufenden Sinter- bzw. Erwärmungsvorgängen trat keine Verzunderung der Teile auf. Nach dem Fließpreßvorgang kühlten die Teile an Luft ab.

Die Länge des fließgepreßten Schaftes war wegen des Auswerferhubes auf maximal 62 mm begrenzt.

3.2.4 Verfahrensgrenzen

Die Verfahrensgrenzen beim Voll-Vorwärts-Fließpressen von Sintermetallen sind neben den zulässigen Werkzeugbelastungen durch Fehlererscheinungen gegeben, die auch beim Fließpressen erschmolzener Metalle auftreten können [56]. Die wohl bekannteste Erscheinung ist der sogenannte Zentralbruch, der jedoch in dieser Untersuchung nicht beobachtet wurde. Er geht auf eine Unstetigkeit in der axialen Geschwindigkeitsverteilung im Bereich der Umformzone zurück, wodurch ein nahezu rotationssymmetrischer Bruch im Zentrum des fließgepreßten Schaftes ent-

steht [90]. Dieser Versagensfall ist sowohl vom Matrizenöffnungswinkel als auch von der Reibung zwischen Werkzeug und
Werkstück abhängig.

Ein weiterer möglicher Versagensfall ist durch das Aufreißen
des Schaftes in Umfangrichtung gegeben. Diese Fehlererscheinung
ähnelt stark dem beim Strangpressen auftretenden sogenannten
Tannenbaumfehler. Fehler dieser Art treten bei allen mit dem
Umformgrad φ = 0,9 fließgepreßten Teile auf, siehe Bild 7.

Bild 7: Versagen an einem fließgepreßten Sinterteil.

Weder der Werkstoff noch die Umformtemperatur hatten auf das
Eintreten dieses Fehlers einen Einfluß. Es wurde jedoch festgestellt, daß das Ausmaß der Rißbildung mit zunehmender Umformtemperatur und abnehmendem Kohlenstoffgehalt zurückging.

Diese Rißbildung tritt sowohl beim Kalt- und Warmfließpressen [56] erschmolzener Metalle als auch beim Kalt- und Warmfließpressen von Pulvermetallen auf [16, 57, 58]. Die Ursache kann sehr vielfältig sein [56, 59, 16, 57, 58]. Im vorliegenden Fall ist bei gegebener relativer Rohteildichte von $\rho_{rel0} = 0,9$ der Umformgrad zu klein, um eine ausreichende Verschweißung der Porenoberflächen zu gewährleisten. Diese Beobachtung steht in Einklang mit der in [58] gemachten Feststellung, daß zur Erzielung anrißfreier Fließpreßteile bei gegebenem Umformgrad eine minimale Rohteildichte nicht unterschritten werden darf. In bestimmten Fällen besteht die Möglichkeit,derartige Rißbildungen durch Anwendung eines Gegendruckes zu unterdrücken [4].

4 Ermittlung der Eigenschaften der Fließpreßteile

4.1 Mechanische Eigenschaften

Die zunehmende Verwendung pulvermetallurgischer Erzeugnisse,
z. B. im Kraftfahrzeugbau, ist kennzeichnend für die Quali-
tätszunahme dieser Produkte, die durch die unterschiedlichsten
Maßnahmen erreicht wurde. Dabei wird den mechanischen Eigenschaften, insbesondere dem Dauerschwingverhalten, große Beach-
tung geschenkt. Dies ist durch die Tatsache bedingt, daß viele
höher beanspruchte Sinterbauteile im Wettbewerb mit gegossenen
und geschmiedeten Teilen stehen. Die Substitution eines
schmelzmetallurgischen Werkstoffes durch einen Sinterwerkstoff
setzt somit vergleichbare mechanische Eigenschaften des Sinterteiles voraus.

Die folgenden Abschnitte behandeln daher die mechanischen Eigenschaften halbwarmfließgepreßter Sintermetalle auf Eisenbasis,
wobei Vergleiche mit entsprechenden schmelzmetallurgischen Werkstoffen vorgenommen werden.

4.1.1 Zugversuche

4.1.1.1 Versuchseinrichtungen und Versuchsdurchführung

Die Zugversuche wurden auf einer mechanischen Prüfmaschine
(Fabrikat: Roell und Korthaus, Typ: Locap Electromatic) bei
konstanter Prüfgeschwindigkeit von 2 mm/min durchgeführt. Es
wurden dabei die folgenden Festigkeits- und Verformungskennwerte ermittelt:

$$
\begin{array}{lll}
& \text{die Zugfestigkeit} & R_m \\
& \text{die Dehngrenze} & R_{p0,2} \\
\text{bzw.} & \text{die obere Streckgrenze} & R_{eH} \\
& \text{die Brucheinschnürung} & Z \\
& \text{die Bruchdehnung} & A_5 \\
\text{und} & \text{die Gleichmaßdehnung} & A_g.
\end{array}
$$

Für die Ermittlung der Kennwerte der nicht umgeformten Sinterwerkstoffe wurden Flachzugproben nach der von der American

Metal Powder Association festgelegten Norm (ISO 3928) vorgenommen. Die Ergebnisse für die Werkstoffe 1 bis 4 finden sich in Tabelle 4.

Tabelle 4: Werkstoffkennwerte der Versuchswerkstoffe 1 bis 4 im gesinterten Zustand (ρ_{rel0} = 0,9), ermittelt an Flachzugproben.

Pulver	R_{eH} in N/mm²	R_m in N/mm²	A_5 in %	Z in %
1	112	191	14,0	12,0
2	123	211	14,0	12,0
3	265	380	5,0	6,0
4	277	342	2,6	2,3

Die aus dem Schaft der umgeformten Sinterteile herausgearbeiteten Zugproben waren kurze Proportionalstäbe vom Typ B 6 x 30 nach DIN 50125.

4.1.1.2 Einfluß von Rohteiltemperatur und Umformgrad

Die Bilder 8 bis 11 zeigen den Einfluß der Rohteiltemperatur auf die Kennwerte im Zugversuch. Dabei ist der Umformgrad Parameter. Mit zunehmender Rohteiltemperatur nehmen Zugfestigkeit und obere Streckgrenze monoton ab, bedingt durch Entfestigungsvorgänge, die während und nach der Umformung ablaufen. Dieser Trend wird im Temperaturbereich zwischen 800 °C und 850 °C in Abhängigkeit vom Werkstoff und vom Umformgrad unterbrochen, bedingt durch die einsetzende α-γ - bzw.
γ-α-Umwandlung bei der Abkühlung der Teile. Das Durchlaufen dieses Temperaturbereiches führt zu einer Kornfeinung (vgl. Abschnitt 4.3.1), wie z. B. beim Normalisieren von Stählen, wo der Umwandlungsvorgang bewußt zur Kornfeinung ausgenutzt wird. Nach der Hall-Petch-Beziehung ergibt sich hiermit eine Streckgrenzenerhöhung, während nach Cottrell [60] eine Erhöhung der Zugfestigkeit folgt.

Die Verformungskennwerte: Brucheinschnürung Z, Bruchdehnung A_5 und Gleichmaßdehnung A_g weisen eine im Mittel steigende Tendenz auf, gegenläufig zum Verlauf der Festigkeitswerte.

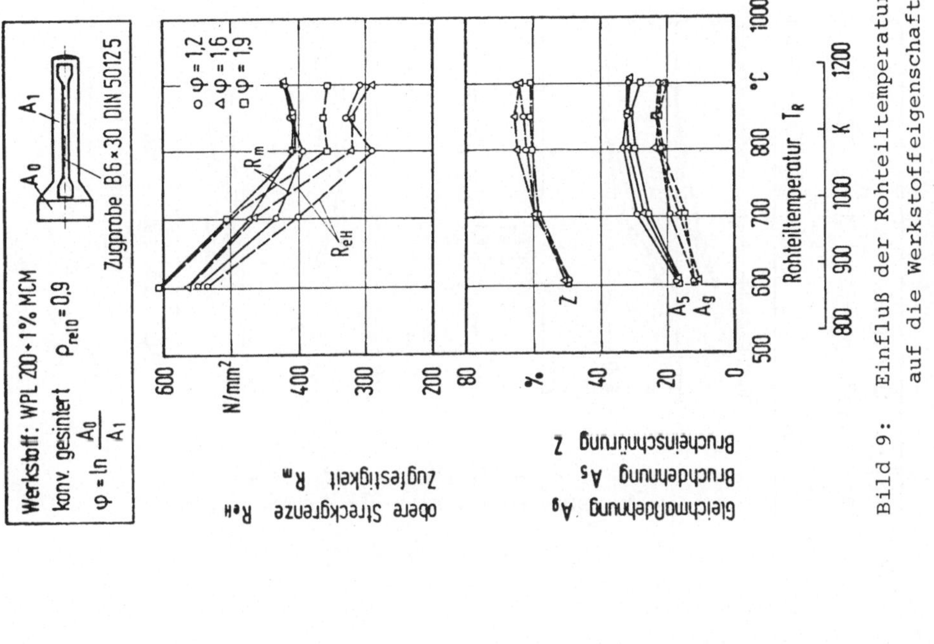

Bild 9: Einfluß der Rohteiltemperatur auf die Werkstoffeigenschaften nach dem Fließpressen.

Bild 8: Einfluß der Rohteiltemperatur auf die Werkstoffeigerschaften nach dem Fließpressen.

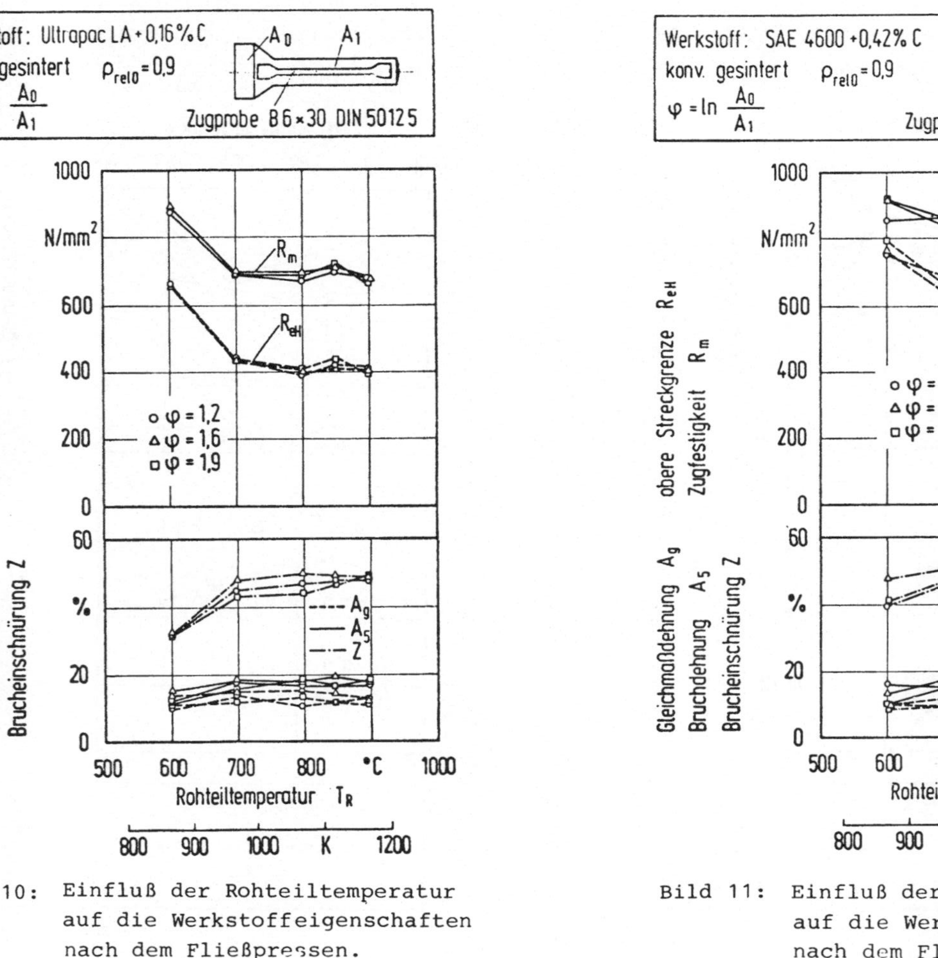

Bild 10: Einfluß der Rohteiltemperatur auf die Werkstoffeigenschaften nach dem Fließpressen.

Bild 11: Einfluß der Rohteiltemperatur auf die Werkstoffeigenschaften nach dem Fließpressen.

Selbst der mit 0,42 % C versehene Werkstoff SAE 4600 weist
Brucheinschnürungen von 50 % und Bruchdehnungen von bis zu
20 % auf. Gegenüber den nicht umgeformten Ausgangswerkstoffen
ist durch den Umformvorgang eine beträchtliche Steigerung -
in einzelnen Fällen bis zu 500 % - sowohl der Festigkeits-
als auch der Verformungskennwerte eingetreten. Darüber hinaus
ist bemerkenswert, daß der Einfluß des Umformgrades gegenüber
dem der Rohteiltemperatur vernachlässigbar ist. Entscheidend
ist wohl, daß überhaupt umgeformt wird, so daß das Zusammen-
wirken von Druck, Schubspannungen und Temperatur zu einer sehr
guten Verdichtung und Verschweißung der Pulverpartikel führt.

4.1.1.3 Einfluß der Rohteildichte

Unter Berücksichtigung der beim Voll-Vorwärts-Fließpressen
von Sintermetallen gegebenen Verfahrensgrenzen (vgl. Abschnitt
3.2.4), die bei vorgegebenem Umformgrad von der Rohteildichte
abhängen [58], wurde der Einfluß der relativen Rohteildichte
auf die Kennwerte im Zugversuch im Dichtebereich $\rho_{rel0} = 0,8$
bis $\rho_{rel0} = 0,93$ ermittelt. Die Untersuchung wurde am Beispiel
von Werkstoff 2 durchgeführt. Bild 12 zeigt das Ergebnis für
die beiden Rohteiltemperaturen 600 °C und 800 °C. Der Umformgrad
ist dabei Parameter.

Es ist kein wesentlicher Einfluß der relativen Rohteildichte
auf die mechanischen Kennwerte aus dem Zugversuch zu erkennen.
Die gemessenen Zugfestigkeiten verlaufen nahezu konstant im
gesamten untersuchten Dichtebereich, wobei sich die Ergebnisse für die einzelnen Umformgrade nicht unterscheiden. Eine
Ausnahme ist lediglich beim Umformgrad $\varphi = 1,9$ gegeben, der
bei einer Rohteiltemperatur von 600 °C und einer Rohteildichte
von $\rho_{rel0} = 0,9$ eine etwas höhere Zugfestigkeit aufweist. Weiterhin fällt auf, daß bei einer Umformtemperatur von 600 °C
die obere Streckgrenze nahezu identisch ist mit der Zugfestigkeit. Dies ist auf ausgeprägte Streckgrenzenerscheinungen
zurückzuführen, die ursächlich mit den im Eisengitter interstitiell gelösten Stickstoff- und Kohlenstoffatomen verbunden
sind. Zur Deutung der Temperaturabhängigkeit dieser Erschei-

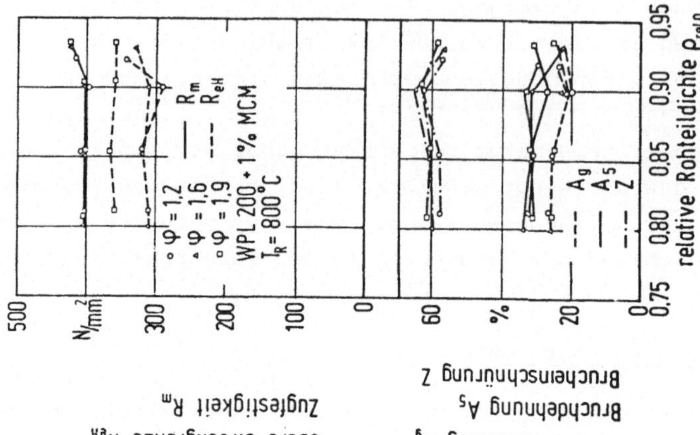
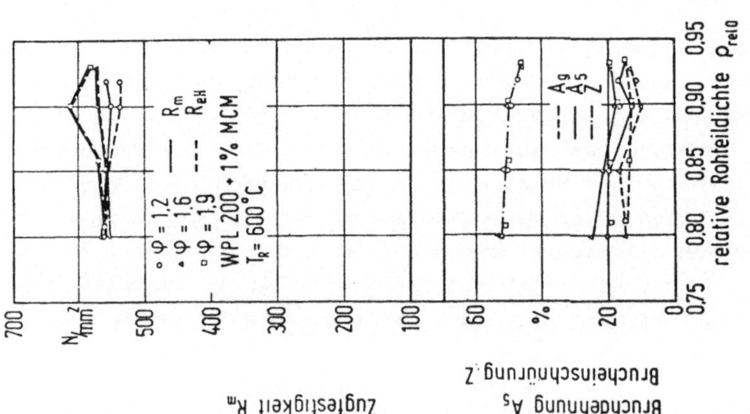

Bild 12: Einfluß der Rohteildichte auf die Werkstoffeigenschaften nach dem Fließpressen.

nung siehe Abschnitt 4.3.3.

Auch die Verformungskennwerte, Brucheinschnürung Z, Bruchdehnung A_5 und die Gleichmaßdehnung A_g, werden von der relativen Rohteildichte wenig beeinflußt.

Zusammenfassend wird festgestellt, daß der Einfluß der relativen Rohteildichte auf die mechanischen Kennwerte aus dem Zugversuch bei voll-vorwärts-fließgepreßten Werkstücken gering ist. Zu einem analogen Ergebnis kommen Davies und Negm [32] beim Pulverschmieden. Da die mechanischen Eigenschaften von Sinterwerkstoffen empfindlich von einer evtl. vorhandenen Restporosität abhängen, kann aus den vorliegenden Ergebnissen geschlossen werden, daß eine solche allenfalls in Bereichen von mikroskopischer Größenordnung vorhanden war.

4.1.1.4 Einfluß des Sinterverfahrens

Die mechanischen Eigenschaften induktiv gesinterter Teile sind nach den wenigen vorliegenden Ergebnissen anderer Autoren [36, 38 und 39] durchaus mit denen konventionell gesinterter Teile vergleichbar. Inwiefern dies auch noch nach einer Umformung zutrifft, wird durch die folgenden Ergebnisse dargelegt.

Die in den Bildern 13 bis 16 aufgezeigten Ergebnisse stellen einen Vergleich zwischen konventionell bzw. induktiv gesinterten und voll-vorwärts-fließgepreßten Teilen dar. Dabei wird davon ausgegangen, daß das induktive Sintern in reinem Wasserstoff mit einer Sinterzeit von 4 Minuten ein gewisses Optimum darstellt. Dies ergab sich bei den Untersuchungen, die in den folgenden Abschnitten besprochen werden. Die in [36,38] beschriebenen Beobachtungen an nicht umgeformten, induktiv gesinterten Teilen, lassen ebenfalls den Schluß zu, daß Sinterzeiten unter 5 Minuten noch zu Werkstoffkennwerten im Zugversuch führen, die mit denen konventionell gesinterter Teile vergleichbar sind. Die vier in den Vergleich einbezogenen Werkstoffe der Bilder 13 bis 16 lassen sich bezüglich der Festigkeitskennwerte in zwei Gruppen einteilen: In der ersten Gruppe sind die erzielten Festigkeitskennwerte der induktiv

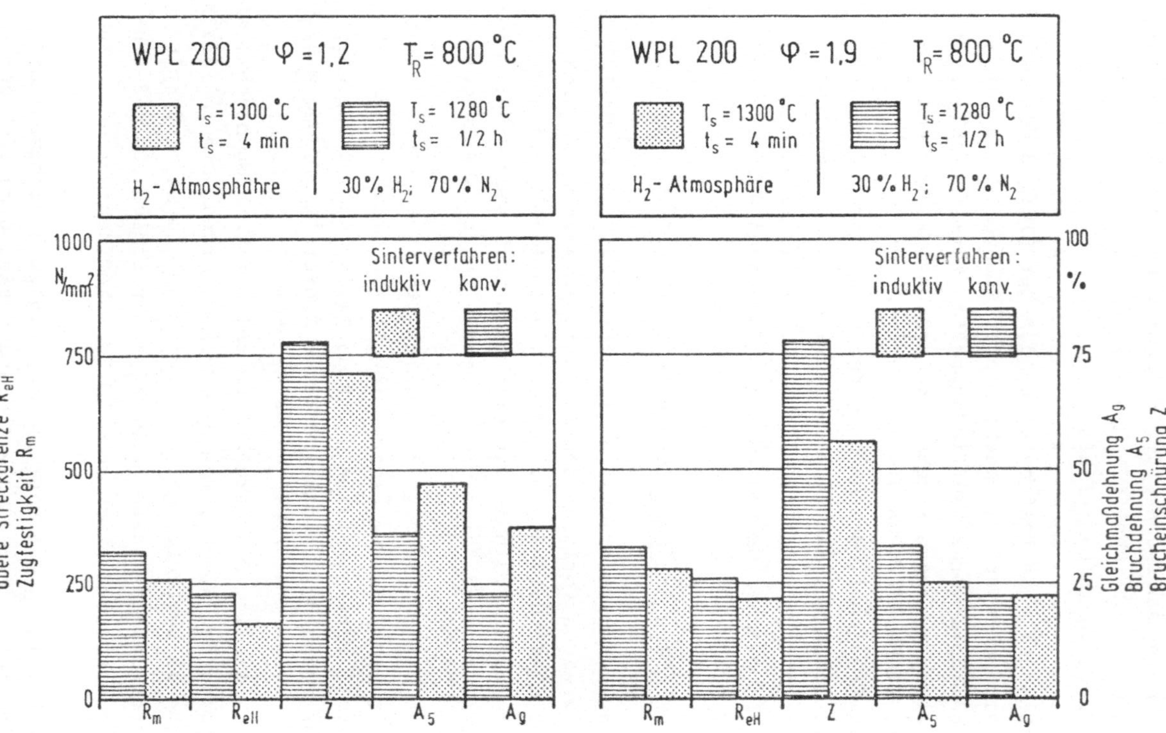

Bild 13: Auswirkungen des Sinterverfahrens auf die Werkstoffeigenschaften nach dem Fließpressen.

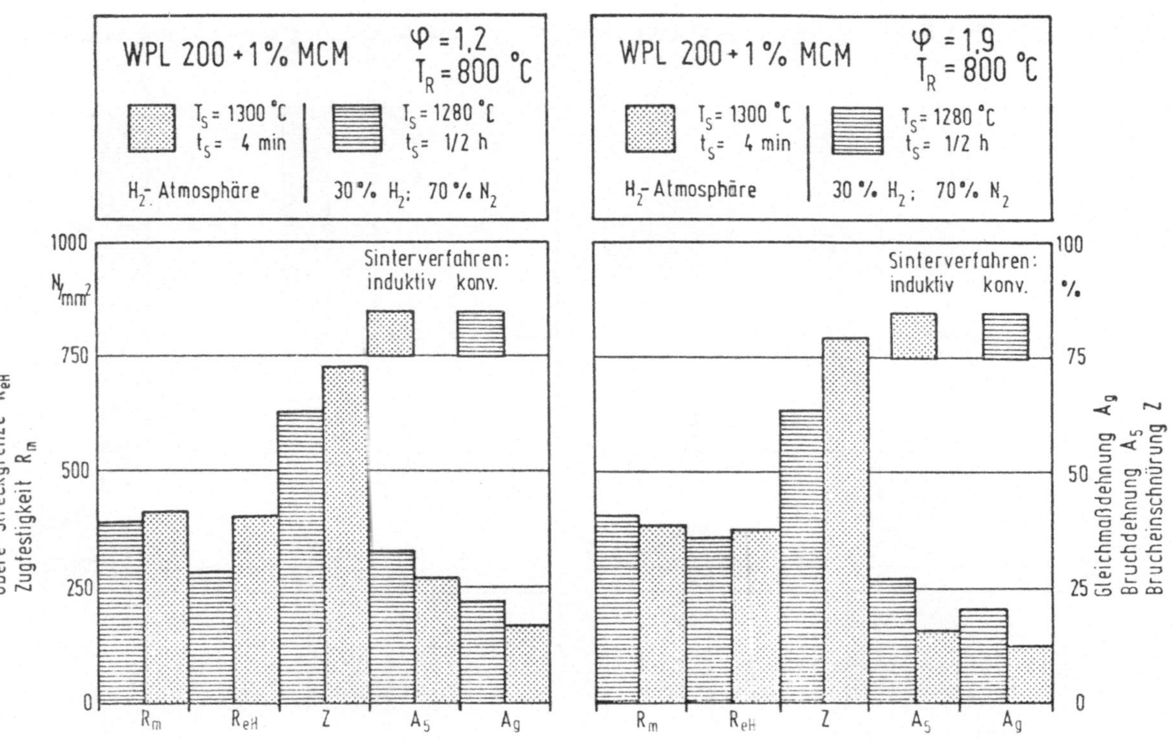

Bild 14: Auswirkungen des Sinterverfahrens auf die Werkstoffeigenschaften nach dem Fließpressen.

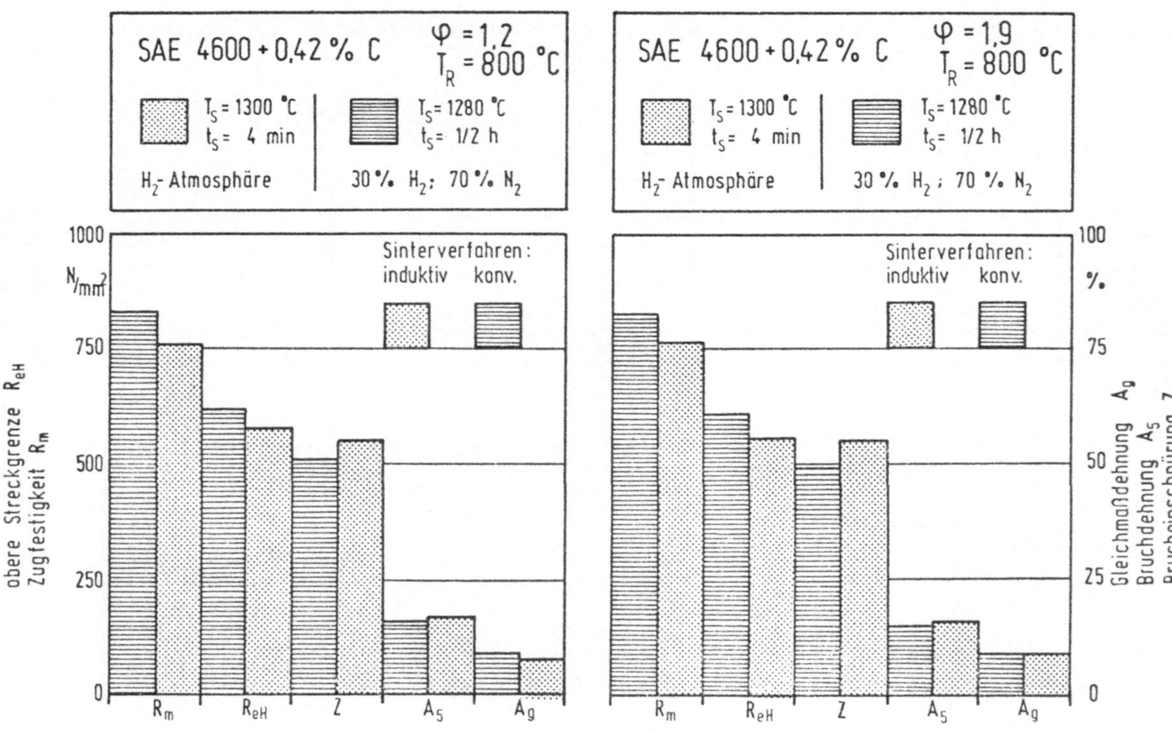

Bild 15: Auswirkungen des Sinterverfahrens auf die Werkstoffeigenschaften nach dem Fließpressen.

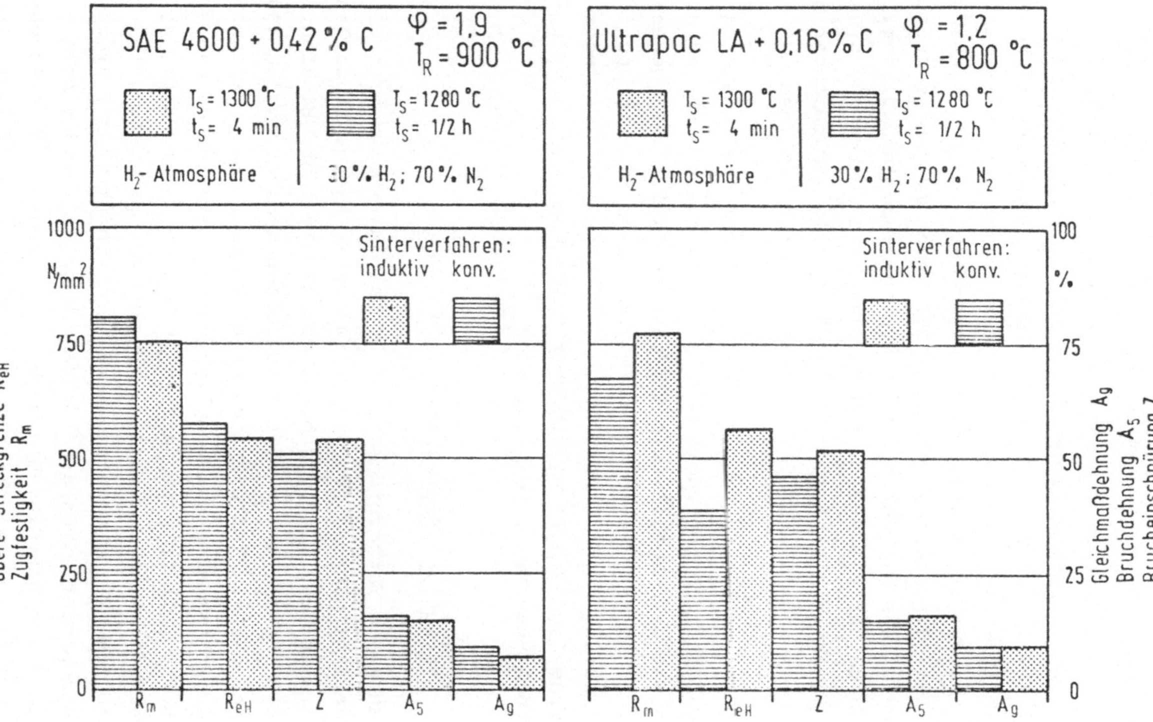

Bild 16: Auswirkungen des Sinterverfahrens auf die Werkstoffeigenschaften nach dem Fließpressen.

gesinterten und voll-vorwärts-fließgepreßten Teile größer
oder vergleichbar mit denen konventionell gesinterter Teile.
Hierzu gehören der Werkstoff WPL 200 mit der Vorlegierung
MCM und der anlegierte Werkstoff Ultrapac LA mit 0,16 % C.
In der zweiten Gruppe, zu der die Werkstoffe WPL 200 und
SAE 4600 + 0,42 % C gehören, sind die Festigkeitskennwerte
der induktiv gesinterten Teile geringfügig niedriger als die
der konventionell gesinterten. Demgegenüber ist mit Ausnahme
von WPL 200 die Brucheinschnürung der induktiv gesinterten
Teile größer als die der konventionell gesinterten, dies gilt
insbesondere für WPL 200+ 1 % MCM. Gleichmaßdehnung und Bruchdehnung induktiv gesinterter Teile können als vergleichbar mit
denen konventionell gesinterter Teile angesehen werden.

Zusammenfassend ist festzustellen, daß die Kennwerte aus dem
Zugversuch für konventionell bzw. induktiv gesinterte und umgeformte Werkstücke teilweise differieren, wofür beim gegen-
wärtigen Stand der Erkenntnis beim induktiven Sintern noch
keine Erklärung möglich ist. Beide Verfahren erzielen jedoch
mechanische Eigenschaften, die weit über denen des nicht umgeformten Ausgangswerkstoffes liegen.

4.1.1.5 Einfluß der Sinterzeit

Die Bildung von Sinterbrücken, d. h. das Zusammenwachsen der
Pulverpartikel während des Sinterprozesses, hängt, abgesehen
von vielen anderen Einflußgrößen, von der Zeit ab. Hinsichtlich
der in der industriellen Fertigung üblichen Sinterzeiten kann
angenommen werden, daß diese unter Berücksichtigung wirtschaftlicher Gesichtspunkte hinsichtlich der erzielbaren mechanischen
Eigenschaften ein Optimum darstellen. Hierbei wird unter der
Sinterzeit die Zeit verstanden, während der das Teil auf
konstanter Temperatur gehalten wird. Beim induktiven Sintern
liegen die Sinterzeiten eine Größenordnung unter der beim
konventionellen Sintern. Wie bereits im vorangegangen Abschnitt
dargelegt wurde, werden beim induktiven Sintern mit 4 min. Sinterzeit und anschließender Umformung in etwa gleiche mechanische
Eigenschaften im Zugversuch erreicht wie bei entsprechender
konventioneller Sinterung und Umformung.

Inwieweit sich die Eigenschaften bei kürzerer oder längerer
Sinterzeit verändern, soll am Beispiel der Werkstoffe WPL 200
und WPL 200 + 1 % MCM gezeigt werden. Zu diesem Zweck wurden
vier Sinterzeiten ausgewählt, t_S = 0 min., 2 min., 4 min. und
10 min. Bei 0 min. Sinterzeit kühlte das Teil unmittelbar,
nachdem es die Sintertemperatur erreicht hatte, wieder ab. Der-
art gesinterte Teile platzten beim anschließenden Voll-Vorwärts-
Fließpressen entlang des gesamten Schaftes auf und zeigten den
bekannten Tannenbaumfehler. In diesem Fall sind die Sinterbrücken
zu schwach, um den beim Voll-Vorwärts-Fließpressen auftretenden
Scherkräften standzuhalten. Teile, die mit 2 min., 4 min. bzw.
10 min. gesintert wurden, konnten fehlerfrei umgeformt werden.

Bild 17 zeigt das Ergebnis für die beiden Werkstoffe WPL 200
und WPL 200 + 1 % MCM. Beide Werkstoffe erreichen bereits nach
2 min. Sinterzeit Werkstoffkennwerte, die absolut vergleichbar
sind mit denen der beiden anderen Sinterzeiten. Bei 10 min.
Sinterzeit liegen jedoch leicht höhere Brucheinschnürungswerte bei herabgesetzter Streckgrenze vor. Beim Werkstoff
WPL 200 + 1 % MCM fällt sogar die Zugfestigkeit gegenüber 2 min
und 4 min Sinterzeit. Dies ist, wie in Abschnitt 4.3.1 gezeigt
wird, auf Grobkornbildung zurückzuführen.

4.1.1.6 Einfluß der Sinteratmosphäre

Der Sinteratmosphäre kommt eine erhebliche Bedeutung zu, da
sie zur Reduktion der auf den Pulverpartikeln vorhandenen
Oxiden beiträgt. Wasserverdüste Pulver enthalten im allgemeinen
0,10 % bis 0,25 % Sauerstoff. Dieser muß während des Sintervorgangs weitgehend reduziert werden, um gute mechanische Eigenschaften zu erzielen. Die im Ofen gesinterten Teile befanden
sich in einer Mischgasatmosphäre (vgl. Abschnitt 3.1.2.2), deren
reduzierende Wirkung durch den im Spaltgas enthaltenen Wasserstoff gegeben ist. Für das induktive Sintern wurde wegen der
im Vergleich zur Ofensinterung kurzen Sinterzeit reiner Wasserstoff verwendet.

Neben der Reduktion durch Wasserstoff spielt die Reduktion durch

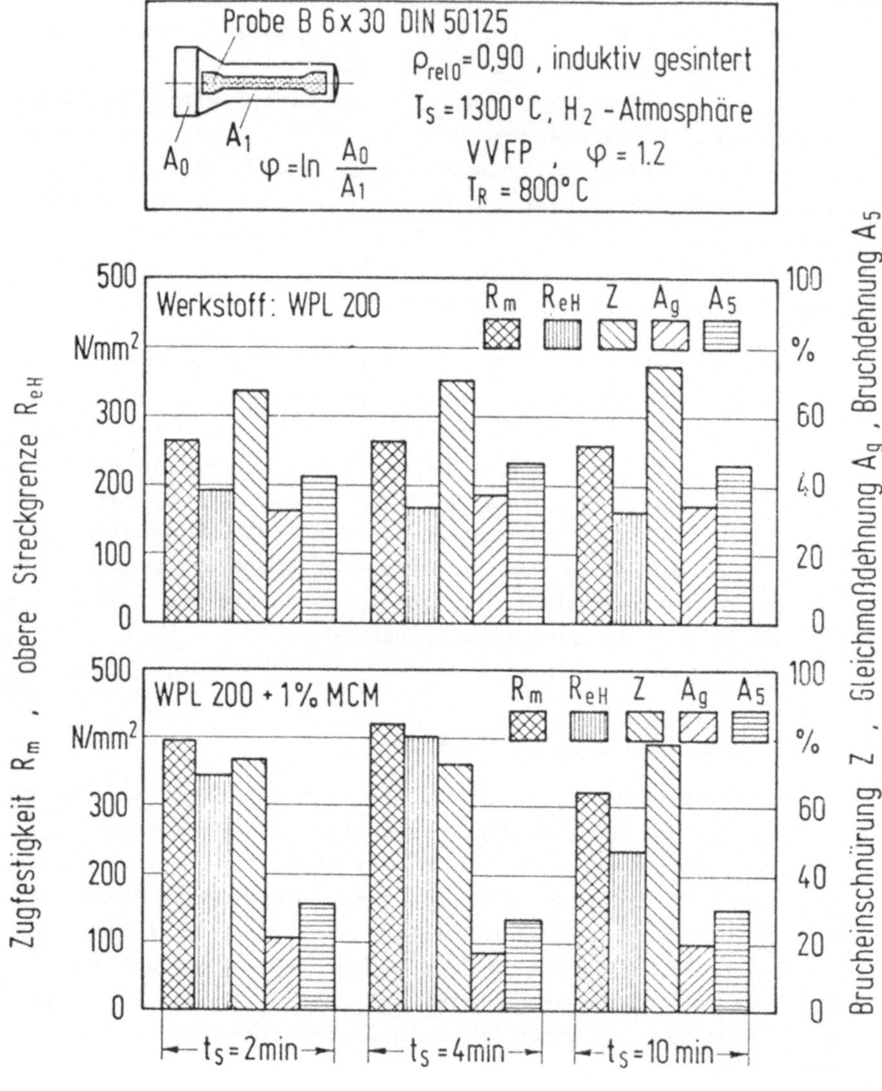

Bild 17: Einfluß der Sinterzeit auf die Werkstoffeigenschaften nach dem Fließpressen.

Kohlenstoff, der in Form von Graphit einigen Pulvern beigemengt ist, eine Rolle. Hierbei entsteht eine zusätzliche, reduzierende Atmosphäre, Kohlenmonoxid, deren Entstehung und reduzierende Wirkung durch folgende Reaktionsgleichung beschrieben wird [35]:

$$FeO + C \rightleftharpoons Fe + CO \tag{8}$$

Das Kohlenmonoxid reagiert weiter:

$$FeO + CO \rightleftharpoons Fe + CO_2 \tag{9}$$

Darüber hinaus läuft folgende Reaktion ab:

$$C + CO_2 \rightleftharpoons 2CO \tag{10}$$

Das Kohlenmonoxid fördert das Eindiffundieren des Kohlenstoffes in das Matrixmetall, wobei die Reaktion abläuft:

$$2CO + Fe \rightleftharpoons (Fe, C) + CO_2 \tag{11}$$

In [61] wird gezeigt, daß das Eindiffundieren des Kohlenstoffes im wesentlichen auf ein direktes Eindiffundieren in das Matrixmetall zurückzuführen ist, während der Transport über die Gasphase und das Eindiffundieren nach Gleichung (11) nur bei schlechtem Kontakt der Pulverteilchen eine wesentliche Rolle spielt.

In [35] wurde bei einer Sintertemperatur von nur 950 °C bereits nach 60 s Sinterzeit eine gute Homogenisierung der induktiv bei einer Frequenz von 3 kHz gesinterten Teile festgestellt. Die Masse der Teile betrug dabei 230 g. Weiterhin wurde in [35] festgestellt, daß die absoluten Abmessungen der Teile - sofern sie nicht zu groß werden und somit die Aufheizgeschwindigkeit zurückgenommen werden muß - sowie die Frequenz der Induktionsanlage keinen Einfluß auf die Lösungsgeschwindigkeit des Kohlenstoffs haben.

Aus den vorab dargestellten Eigenschaften des Kohlenstoffes ergibt sich die Frage, ob bei graphithaltigen Pulvern auf eine reduzierende Wasserstoffatmosphäre verzichtet werden kann, so daß die Sinterung z. B. in einer Stickstoffatmosphäre ablaufen kann, was aus sicherheitstechnischen Gründen vorzuziehen ist. Darüber hinaus ist Stickstoff ein sehr preiswertes Legierungselement, das die Festigkeit des Werkstoffes erhöht [16]. Es wurden daher Versuche mit in reinem Stickstoff (Reinheit: 99,99 %, Taupunkt: - 65 °C) gesinterten Proben vorgenommen, die in den Bildern 18 und 19 einem Vergleich mit in reinem Wasserstoff gesinterten Proben unterzogen werden. Die Bilder zeigen, daß durch die Sinterung in der Stickstoffatmosphäre alle Werkstoffe mit Ausnahme des Pulvers WPL 200 + 1 % MCM eine Steigerung der Zugfestigkeit und der Streckgrenze erfahren. Die Festigkeitszunahme ist beim reinen Eisen verständlicherweise am größten, während sie bei den kohlenstoffhaltigen Werkstoffen sehr klein ist. Im letzten Fall ist der Gesamtstickstoffgehalt (vgl. Abschnitt 4.3.3) um über eine Größenordnung kleiner als der Kohlenstoffgehalt, woraus sich der geringe Einfluß des Stickstoffes auf die Festigkeitskennwerte erklärt. Überraschenderweise sind beim MCM legierten Werkstoff, der keinen zusätzlichen Kohlenstoff in Form von Graphit enthält, die Festigkeitskennwerte der in Stickstoff gesinterten Teile etwas kleiner als die der in Wasserstoff gesinterten. Eine Ursache hierfür könnte sein, daß beim Sintern in Stickstoffatmosphäre, wo die reduzierende Wirkung des Wasserstoffes fehlt, ein Teil des in der Vorlegierung enthaltenen Kohlenstoffes zur Reduktion von Oxiden herangezogen wird und als CO oder CO_2 entweicht. Da das Pulver nur etwa 0,07 % C enthält, kann bereits ein geringer Verlust an Kohlenstoff die Festigkeitswerte wesentlich herabsetzen, was durch Stickstoffaufnahme nicht mehr kompensiert werden kann.

Gemeinsam ist jedoch allen Werkstoffen eine Verringerung der Brucheinschnürungswerte. Auch die Bruchdehnungswerte fallen teilweise.

4.1.1.7 Werkstoffkennwerte nach dem Vergüten

Am Beispiel des Werkstoffes SAE 4600 + 0,42 % C soll der Einfluß einer Wärmebehandlung nach dem Voll-Vorwärts-Fließpressen

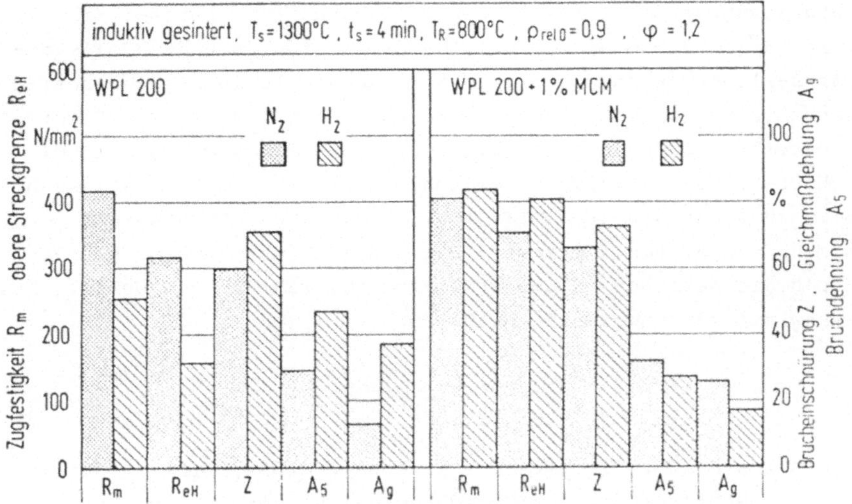

Bild 18: Einfluß der Sinteratmosphäre auf die Werkstoffeigenschaften nach dem Fließpressen.

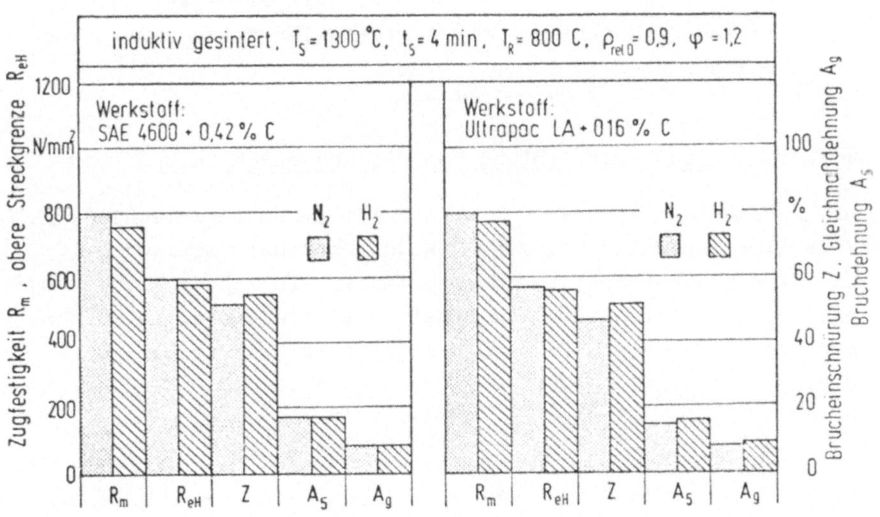

Bild 19: Einfluß der Sinteratmosphäre auf die Werkstoffeigenschaften nach dem Fließpressen.

aufgezeigt werden. Die mit der Wärmebehandlung poröser Sintermetalle verbundenen Probleme [62] treten nach dem Voll-Vorwärts-Fließpressen nicht mehr auf, da die Teile die theoretische Dichte erreicht haben (vgl. Abschnitt 4.1.6). Die Fließpreßteile wurden nach der Umformung austenitisiert und in Öl
gehärtet. Danach wurde eine Stunde lang bei 600 °C angelassen.
Bild 20 zeigt das Ergebnis dieser Behandlung im Vergleich
zum unbehandelten Werkstoff: Die Festigkeitskennwerte nehmen
durch die Wärmebehandlung erheblich zu, während die Duktilitätskennwerte nur unwesentlich abnehmen.

4.1.2 Kerbschlagbiegeversuche

Die Kerbschlagarbeit ist eine integrale Größe, die zur qualitativen Beschreibung der Sprödbruchneigung eines Werkstoffes
geeignet ist [63]. Sie ist insbesondere in der Pulvermetallurgie
ein empfindlicher Indikator für die Qualität des Produktes.
Einen großen Einfluß auf die Kerbschlagarbeit haben die Restporosität [64], nichtmetallische Einschlüsse [65] und oxidi-
sche Verunreinigungen [66, 67 und 68]. Die Verbesserung der
mechanischen Eigenschaften von Sinterteilen setzt daher eine
Reduzierung dieser Einflüsse voraus.

4.1.2.1 Versuchseinrichtung und Versuchsdurchführung

Die Kerbschlagbiegeversuche wurden auf einem Pendelschlagwerk
(Fabrikat: Losenhausen, Typ: PSW 30, maximale Schlagarbeit:
300 J) bei Raumtemperatur durchgeführt. Die Proben (Typ: DVM
nach DIN 50115) wurden dem Schaft der Fließpreßteile entnommen. Für jeden Meßpunkt wurden mindestens drei Proben verwendet.

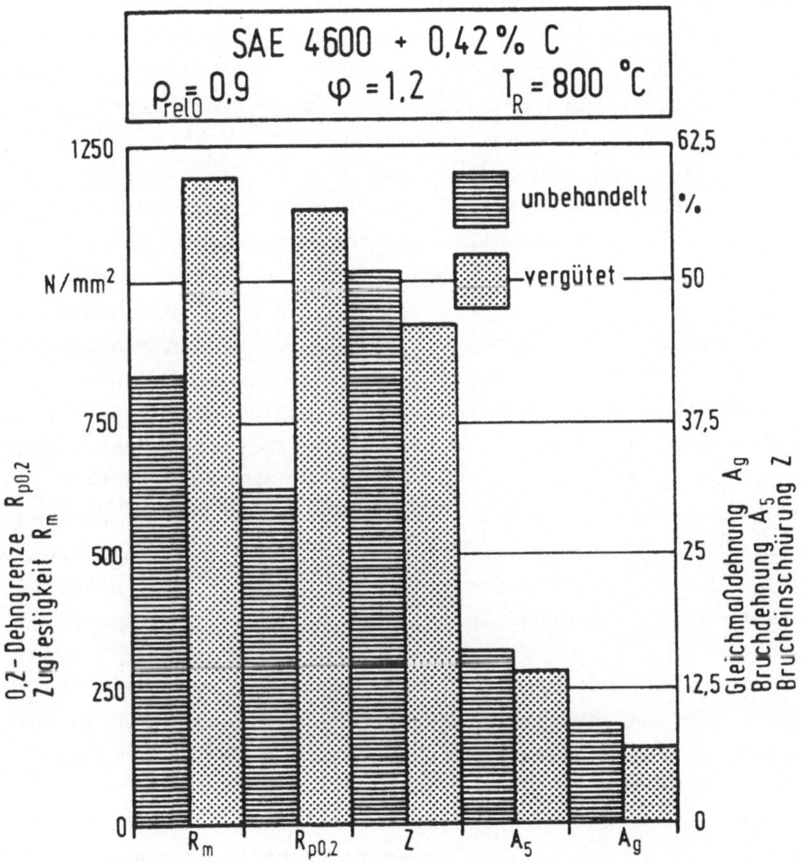

Bild 20: Auswirkungen einer Wärmebehandlung nach dem Fließpressen auf die Werkstoffeigenschaften.

4.1.2.2 Einfluß verschiedener Vorgangsparameter auf die Ergebnisse

Rohteiltemperatur

In den Bildern 21 und 22 ist der Einfluß der Rohteiltemperatur auf die Kerbschlagarbeit konventionell gesinterter und fließgepreßter Werkstücke bei drei verschiedenen Umformgraden wiedergegeben. Alle untersuchten Werkstoffe mit Ausnahme des Eisenpulvers WPL 200 weisen für Sinterwerkstoffe außergewöhnlich hohe Kerbschlagarbeiten auf. Die Abhängigkeit der Kerbschlagarbeit von der Rohteiltemperatur ist bei den einzelnen Werkstoffen unterschiedlich. Der Werkstoff WPL 200 (Bild 21) zeigt keine einheitliche Tendenz hinsichtlich des Temperaturverlaufs der Kerbschlagarbeit. Obwohl der Werkstoff im Zugversuch die höchste Brucheinschnürung und Bruchdehnung aufwies, ist die Schlagarbeit im Verhältnis zu den anderen Werkstoffen niedrig. Da WPL 200 weder irgendwelche sauerstoffaffinen Legierungselemente noch zusätzlichen Kohlenstoff in Form von Graphit enthält, wurde er beim Sintern nicht gegettert. Diese Maßnahme ist bei Sinterteilen dieses Werkstoffes auch im allgemeinen nicht erforderlich, da die Kerbschlagarbeit in erster Linie von der Restporosität bestimmt wird. Dagegen dominieren beim umgeformten WPL 200, wo die relative Dichte 1 ist, offenbar andere Einflüsse, auf die später eingegangen wird.
Der Werkstoff WPL 200 + 1 % MCM weist von 600 °C bis 850 °C einen steilen Anstieg der Kerbschlagarbeit auf, der im Bereich der α- γ -Umwandlung abflacht, bzw. für den Umformgrad $\varphi = 1,2$ abfällt.
Die beiden Werkstoffe Ultrapac LA + 0,16 % C und SAE 4600 + 0,42 % C sind in ihrem Temperaturverhalten einander ähnlich. Die höchsten Kerbschlagarbeiten werden hier bei 700 °C erreicht.

Umformgrad

Der Umformgrad hat, wie schon bei den Zugversuchen festgestellt wurde, keinen wesentlichen Einfluß auf das Ergebnis.

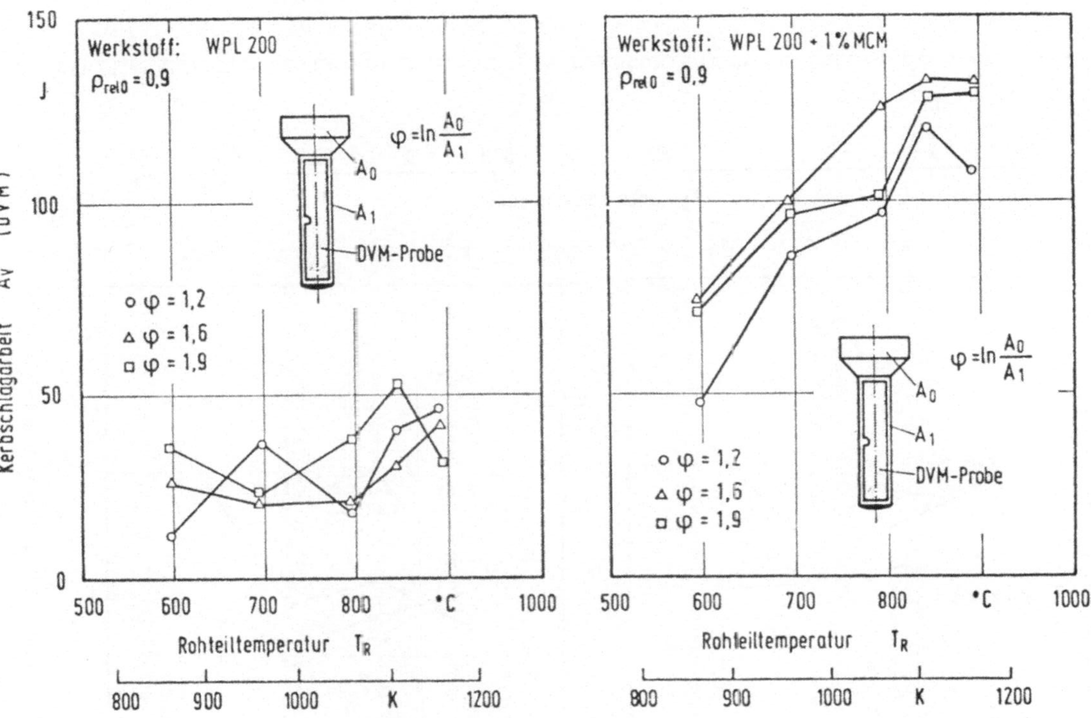

Bild 21: Einfluß der Rohteiltemperatur auf die Kerbschlagarbeit fließgepreßter Sintermetalle.

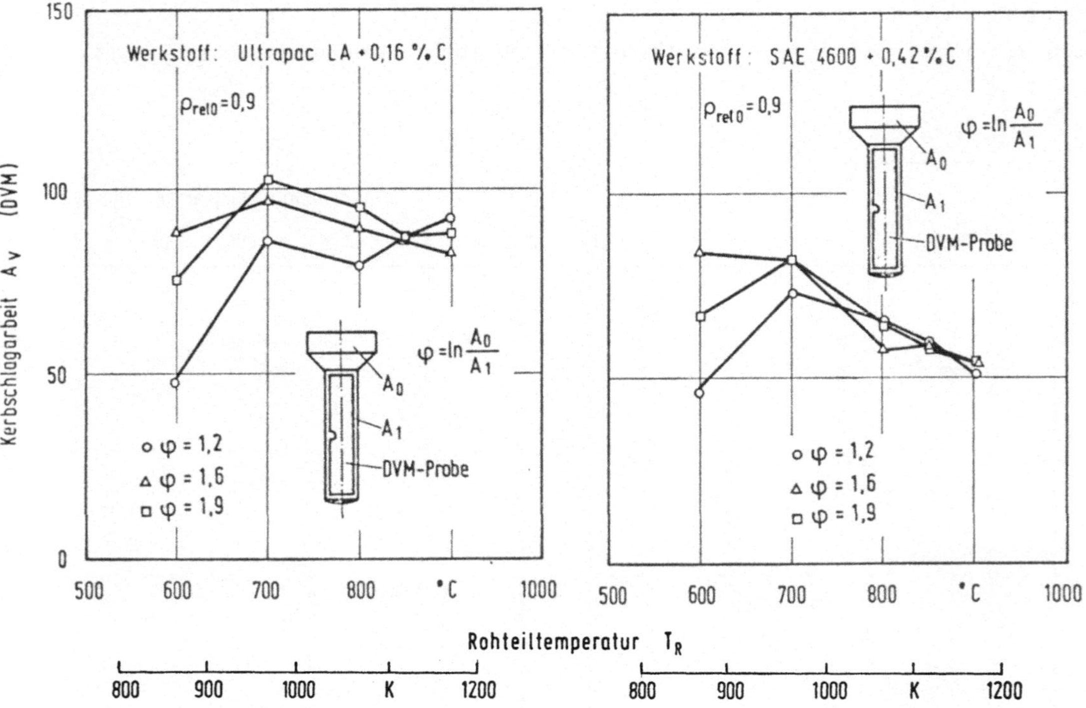

Bild 22: Einfluß der Rohteiltemperatur auf die Kerbschlagarbeit fließgepreßter Sintermetalle.

Eine analoge Beobachtung wurde bei Umformgraden von $\varphi < 1,2$ in [69] beim Warmpressen pulvermetallurgischer Vorformen gemacht. Die beim Werkstoff WPL 200 auftretenden Unstetigkeiten im Temperaturverlauf der Kerbschlagarbeit und auch in der Abhängigkeit vom Umformgrad sind durch das makroskopisch und mikroskopisch (vgl. Abschnitt 4.3.2) spröde Bruchverhalten bedingt. Die relativen Unterschiede in den gemessenen Schlagarbeiten sind bei den niedrigeren Umformgraden der drei anderen Werkstoffe am größten.

Rohteildichte

Am Beispiel des Werkstoffes WPL 200 + 1 % MCM wurde der Einfluß der relativen Rohteildichte ρ_{rel0} auf die erzielbare Kerbschlagarbeit untersucht. Die Rohteiltemperatur ist dabei Parameter.

Bild 23 gibt das Ergebnis wieder. Bei einer relativen Rohteildichte von $\rho_{rel0} = 0,9$ liegt offenbar ein Optimum der erzielbaren Kerbschlagarbeit vor. Im Gegensatz hierzu nimmt die Kerbschlagarbeit beim Kaltfließpressen von Sintereisen mit zunehmender relativer Rohteildichte stark zu [16]. Demnach wird in diesem Fall die Höhe der Kerbschlagarbeit durch die vorhandenen Sinterkontakte bestimmt. Bei den halbwarm-fließgepreßten Teilen liegen selbst bei einer relativen Rohteildichte von $\rho_{rel0} = 0,8$ sehr hohe Kerbschlagarbeiten vor, die mit zunehmender Dichte nur noch wenig (im Vergleich zu den Verhältnissen beim Kaltfließpressen) ansteigen. Dies läßt vermuten, daß an den durch die zusammengedrückten Poren vorhandenen Korngrenzen während und kurze Zeit nach der Umformung Vorgänge ablaufen, die zu einer intensiven Verschweißung in diesen Bereichen führen.

Einfluß einer Getterung bei dem Werkstoff WPL 200

Da der Werkstoff WPL 200 wider Erwarten die kleinsten Kerbschlagarbeiten erzielt, wurde versucht, durch Getterung des

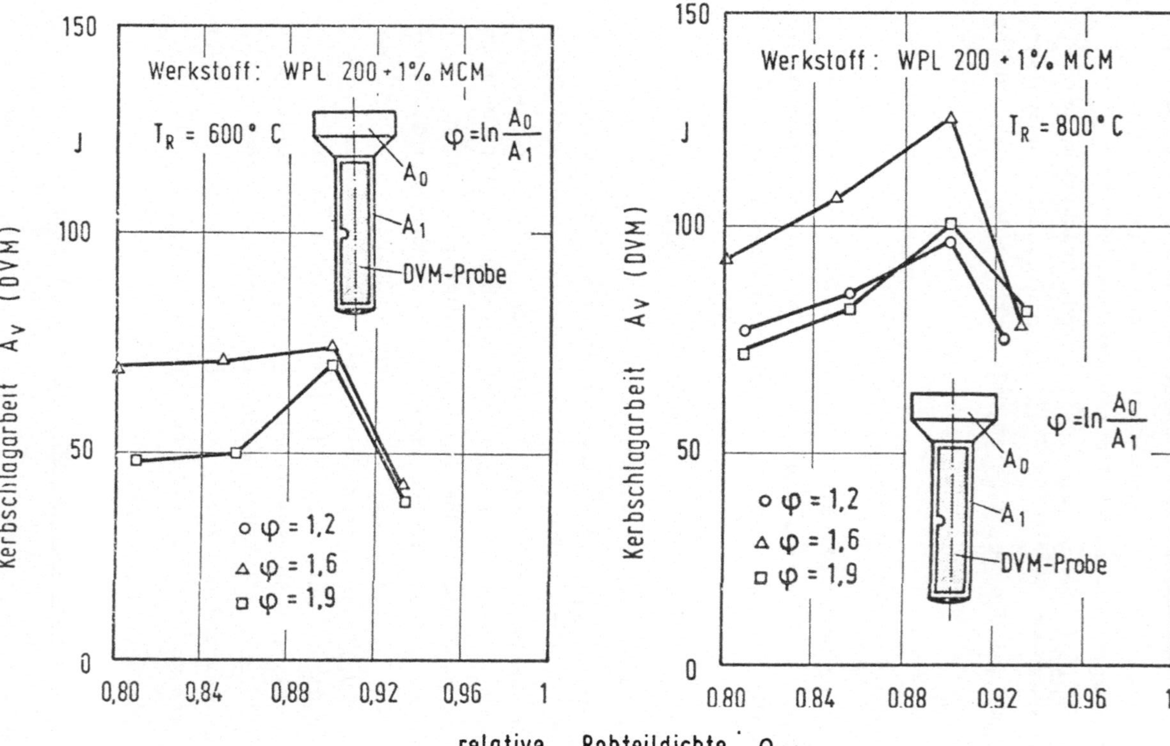

Bild 23: Einfluß der Rohteildichte auf die Kerbschlagarbeit fließgepreßter Sintermetalle.

Werkstoffes beim Sintern zu besseren Werten zu gelangen. Bild 24 zeigt einen Vergleich zwischen gegetterten und ungegetterten Sinterteilen. Die gegetterten Teile erreichen um mehrere 100 % höhere Kerbschlagarbeiten als die ungegetterten. In einigen Stichversuchen, die zur Klärung dieses Verhaltens beitragen sollten, wurde die Temperaturabhängigkeit der Schlagarbeit der ungegetterten Teile geprüft. Bild 25 zeigt, daß die Übergangstemperatur der ungegetterten Teile weit oberhalb der Raumtemperatur liegt.

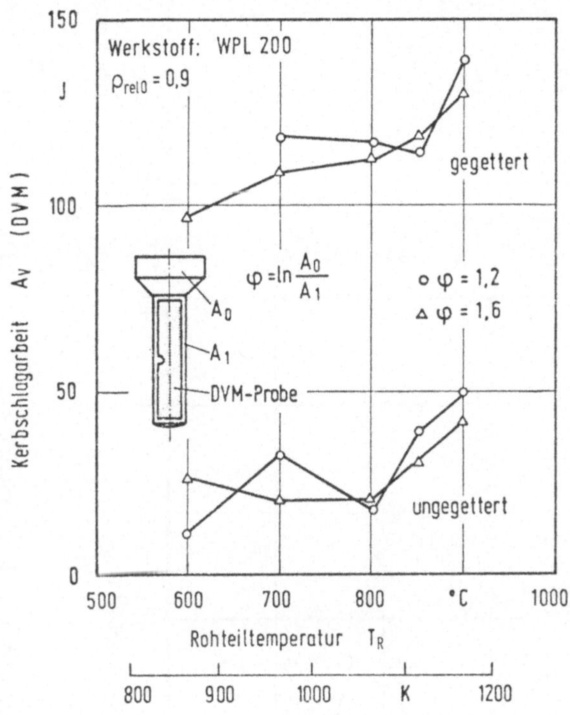

Bild 24: Auswirkungen einer Getterung beim Sintern.

Bedeutung des Kohlenstoffes

Der in der MCM-Vorlegierung enthaltene Kohlenstoff bleibt bis zum Erreichen der Zersetzungstemperatur der MCM-Legierung in komplexkarbidischer Form mit den Elementen Mn, Cr und Mo verbunden. Er steht somit für eine Reduktion von Oxiden zunächst

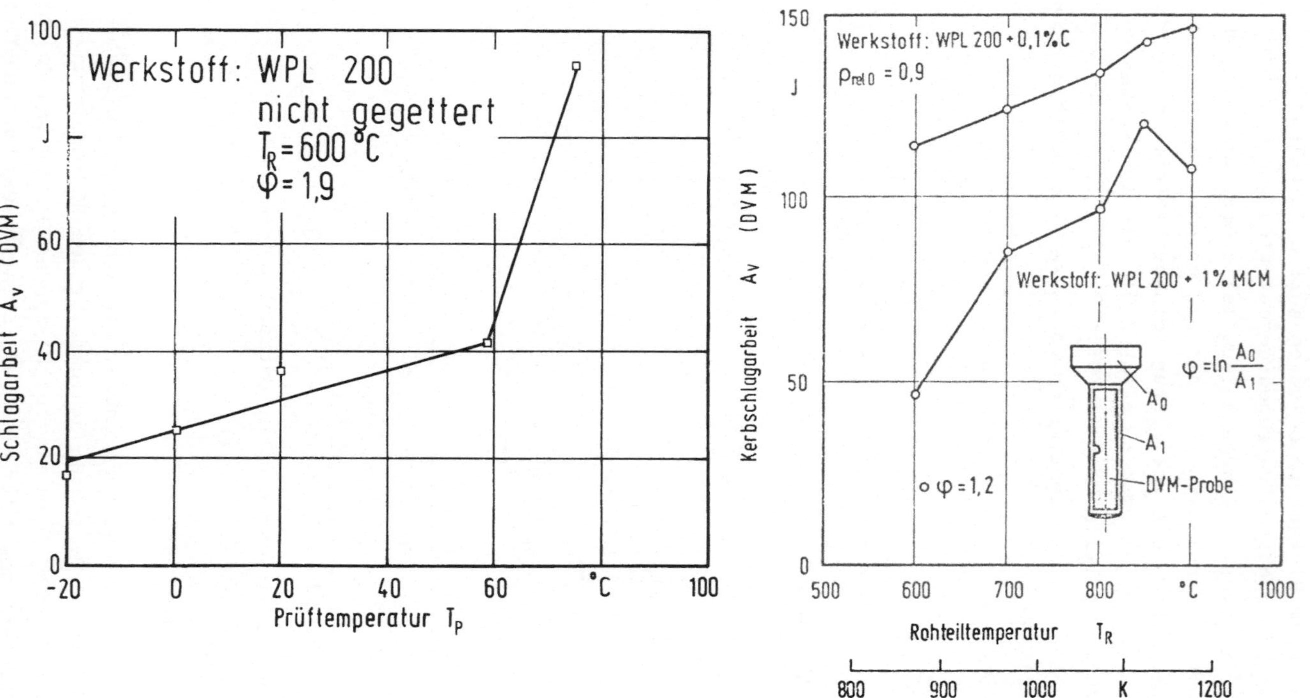

Bild 25: Temperaturverlauf der Kerbschlagarbeit fließgepreßter Sinterteile.

Bild 26: Vergleich der Kerbschlagarbeiten von Fließpreßteilen aus einem MCM-legierten und einem mit freiem Kohlenstoff versehenen Eisenpulver.

nicht zur Verfügung. Im Gegensatz dazu beginnt bei Zugabe von
freiem Kohlenstoff in Form von Graphit der Reduktionsprozess
bereits während der Aufheizphase [35, 70] bei Temperaturen um
900 °C. Um den Einfluß der sauerstoffaffinen Elemente Mn und
Cr zu erfassen, wurde in einigen Versuchen die MCM-Legierung,
die im Werkstoff Nr. 2 enthalten ist, durch 0,1 % C ersetzt.
Bild 26 zeigt einen Vergleich der so erhaltenen Kerbschlagarbeiten. Die Kerbschlagarbeiten des Werkstoffes WPL 200
+ 0,1 % C liegen deutlich über denen des MCM-legierten Werkstoffes. Die an den geprüften Kerbschlagproben vorgenommene
Heißextraktion ergab, daß der MCM-legierte Werkstoff einen
höheren Sauerstoff und einen höheren Stickstoffgehalt aufwies
als der ausschließlich mit Kohlenstoff legierte Werkstoff. Es
ist daher sinnvoll, die MCM-legierten Pulver mit freiem Kohlenstoff zu versehen, um die Wirkung der Elemente Mn, Cr und Mo
voll auszuschöpfen. Das Ergebnis dieser Untersuchung unter-
streicht die bereits in [71] herausgestellte Bedeutung des
Kohlenstoffes in diesem Zusammenhang.

Wärmebehandlung

In einigen Versuchen wurde der Werkstoff SAE 4600 + 0,42 % C
nach dem Fließpressen einer Wärmebehandlung unterzogen. Hierfür wurden die Teile bei 830 °C austenitisiert und in Öl abgeschreckt. Es folgte eine zweistündige Anlaßbehandlung bei
200 °C. Mit dem so behandelten Werkstoff wurden Kerbschlagarbeiten von 50 J erzielt. Gegenüber den unbehandelten Teilen
liegt eine geringfügige Abnahme der Schlagarbeit vor. Wie
beim Warmpressen [71] von Pulvermetallen ist auch hier der Einfluß einer Wärmebehandlung auf die Schlagarbeit   nicht sehr
ausgeprägt.

Induktives Sintern

Wenn die Ausbildung von Sinterbrücken innerhalb der kurzen
Sinterzeit und unter den beim induktiven Sintern vorliegenden
Bedingungen nicht in einem vergleichbaren Ausmaß wie beim
konventionellen Sintern gegeben ist, so wird sich dieser Sach-

verhalt beim Kerbschlagbiegeversuch besonders stark bemerkbar machen. Bild 27 zeigt daher einen Vergleich der Kerbschlagarbeiten induktiv bzw. konventionell gesinterter und dann fließgepreßter Teile. Für den Werkstoff WPL 200 wurden dabei die Werte für den gegetterten Zustand herangezogen.

Zunächst kann festgestellt werden, daß beim konventionellen Sintern mit zunehmendem Kohlenstoffgehalt die Kerbschlagarbeit abfällt. Die induktiv gesinterten Teile verhalten sich bei den kohlenstoffhaltigen Legierungen ähnlich. Das Eisenpulver WPL 200 ist für die induktive Sinterung völlig ungeeignet. Hierfür können zwei Gründe angeführt werden: Erstens enthält das Pulver keinen freien Kohlenstoff, der zur Reduzierung der Oxide beitragen könnte, und zweitens ist die Sinterzeit von 4 min in Wasserstoff ohne die unterstützende Wirkung von freiem Kohlenstoff zu kurz, um den Sauerstoffgehalt auf ein notwendiges Minimum zu reduzieren. Das so gesinterte WPL 200 hat den zweithöchsten Sauerstoffgehalt aller untersuchten Pulver (vgl. Abschnitt 4.3.3) von 0,135 %; nur der Sauerstoffgehalt des in Stickstoff gesinterten WPL 200 ist noch höher.

Demgegenüber sind die Kerbschlagarbeiten des induktiv gesinterten WPL 200 + 1 % MCM wesentlich besser als die der entsprechend konventionell gesinterten Teile. Neben einem gleichmäßigeren Gefüge (vgl. Abschnitt 4.3.1) der induktiv gesinterten Teile weisen diese auch einen geringeren Sauerstoffgehalt auf. Bei einem Umformgrad von φ = 1,9 wurden mit diesem Werkstoff bei induktiver Sinterung Kerbschlagarbeiten von 225 J erreicht. Mit Hilfe des induktiven Sinterns läßt sich dieser Werkstoff offenbar gut homogenisieren, so daß ausgezeichnete Zähigkeiten erzielt werden.

Die Werkstoffe Ultrapac LA + 0,16 % C und SAE 4600 + 0,42 % C erreichen bei induktiver Sinterung etwas kleinere Kerbschlagarbeiten als die entsprechend konventionell gesinterten Werkstücke. Die am Beispiel des letzten Werkstoffes vorgenommene Heißextraktion ergab einen höheren Sauerstoffgehalt für die induktiv gesinterten Teile (vgl. Abschnitt 4.3.3).

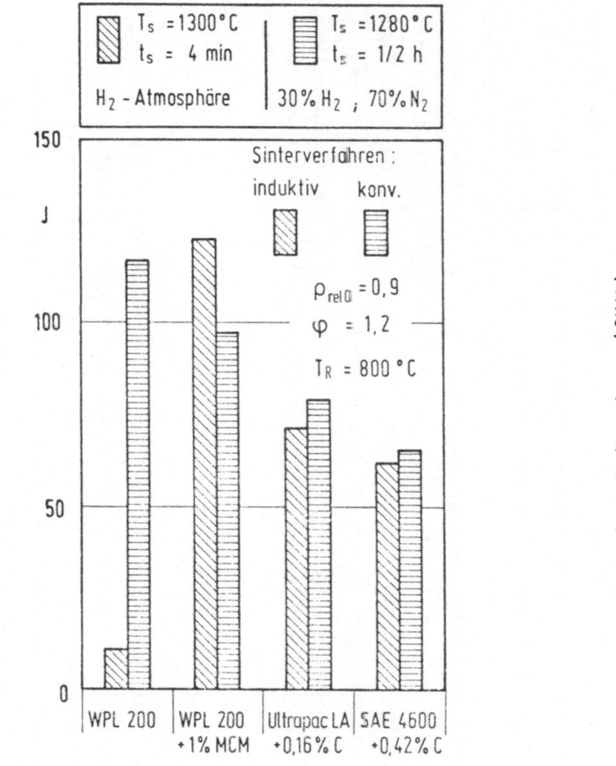

Bild 27: Einfluß des Sinterverfahrens auf die Kerbschlagarbeit fließgepreßter Sintermetalle.

Bild 28: Einfluß der Sinterzeit beim induktiven Sintern auf die Kerbschlagarbeit fließgepreßter Sintermetalle.

Einfluß der Sinterzeit bei induktiver Sinterung

Die Kerbschlagarbeit induktiv gesinterter und fließgepreßter
Werkstücke reagiert auf eine Veränderung der Sinterzeit empfindlicher als die Kennwerte aus dem Zugversuch. Dies ist in Bild
28 am Beispiel dreier Werkstoffe zu sehen. Bei 4 min Sinterzeit liegt für alle Werkstoffe ein Maximum der Kerbschlagarbeit vor. So zeigt z. B. der Werkstoff WPL 200 + 1 % MCM nach
2 min Sinterzeit ein inhomogeneres Gefüge als nach 4 min. Dagegen nimmt bei 10 min Sinterzeit die Korngröße erheblich zu.
Wie am Beispiel des Werkstoffes SAE 4600 + 0,42 % C gezeigt
werden konnte, nimmt der Oxidgehalt nach 4 min induktivem Sintern nicht mehr weiter ab, so daß nach 4 min bereits ein End-
wert erreicht ist.

Auswirkungen verschiedener Sinteratmosphären beim induktiven Sintern

Bild 29 zeigt einen Vergleich von in Stickstoff bzw. in Wasserstoff gesinterten und dann fließgepreßten Werkstücken. Die
versprödende Wirkung des Stickstoffes ist in allen Fällen
evident. Sie ist beim WPL 200 am größten, da das Pulver keinen
Kohlenstoff enthält. Bei den anderen Pulvern ist der Kohlenstoffgehalt wesentlich höher als der Stickstoffgehalt, so daß
hier die Versprödung relativ kleiner ist. Beim induktiven Sintern in Stickstoff ist je nach Werkstoff etwa 2,5 bis 4 mal
so viel Stickstoff im Werkstück enthalten wie beim induktiven
Sintern in Wasserstoff (vgl. Abschnitt 4.3.3).

4.1.3   Dauerfestigkeit

Die Anwendung pulvermetallurgischer Bauteile mit hoher Dichte
und Festigkeit in vielen Bereichen der Technik, insbesondere
im Automobilbau, ist stets verbunden mit der Forderung nach
guten Dauerschwingfestigkeitseigenschaften [72]. Die Dauerfestigkeiten eines Werkstoffes werden von vielen Parametern
beeinflußt. Bei Sinterwerkstoffen können dies besonders Rest-
porositäten, Oxideinschlüsse und unvollkommene Sinterbrücken

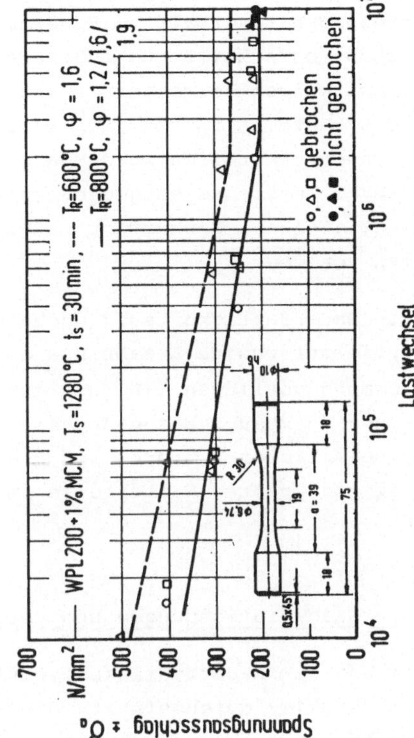

Bild 30: Wöhlerkurven konventionell gesinterter und fließgepreßter Teile.

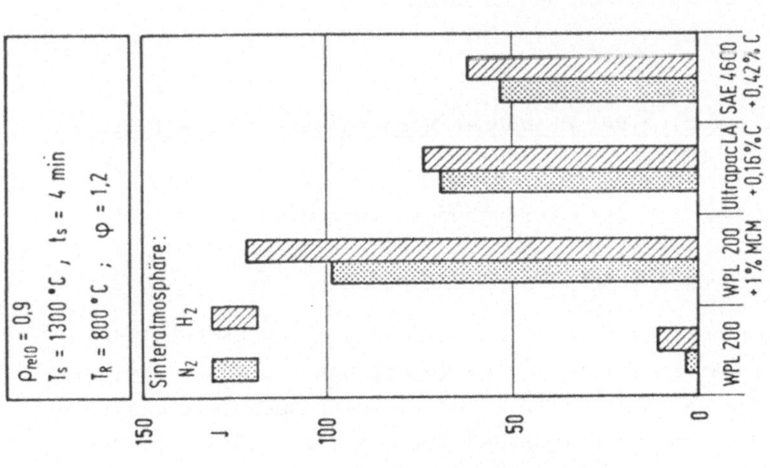

Bild 29: Einfluß der Sinteratmosphäre auf die Kerbschlagarbeit fließgepreßter Sintermetalle.

sein. Fehlstellen dieser Art haben eine doppelte Wirkung auf das Dauerfestigkeitsverhalten. Einerseits schwächen sie den geometrischen Querschnitt und andererseits werden durch sie innere Kerbwirkungen hervorgerufen, die zu einem vorzeitigen Versagen des Bauteils führen. Der Ermittlung der Dauerfestigkeit von Sinterwerkstoffen wurde daher in den vergangenen Jahren besonderes Interesse entgegengebracht, insbesondere dort, wo eine unmittelbare Konkurrenz zu schmelzmetallurgischen Werkstoffen vorliegt.

Da über die Dauerfestigkeitseigenschaften fließgepreßter Sinterwerkstoffe nur wenige Ergebnisse aus dem Bereich der Kaltmassivumformung vorliegen [16] und aus dem Bereich der Halbwarmumformung überhaupt keine Angaben vorliegen, wurden die Einflüsse verschiedener Größen auf die Dauerfestigkeit vollvorwärts-fließgepreßter Sinterteile im Umlaufbiegeversuch untersucht.

4.1.3.1 Versuchseinrichtungen und Versuchsdurchführung

Zur Bestimmung der Dauerfestigkeit wurde der Umlaufbiegeversuch nach DIN 50113 durchgeführt. Die Versuche erfolgten auf einer Umlaufbiegemaschine (Fabrikat: Carl Schenck AG, Typ: Rapid Punz) bei einer Nenndrehzahl von 6000/min und bis zu 10^7 Lastwechseln.

4.1.3.2 Einfluß verschiedener Vorgangsparameter auf die Ergebnisse

Die Dauerfestigkeitsuntersuchungen wurden an den Werkstoffen WPL 200 + 1 % MCM, Ultrapac LA + 0,16 % C, SAE 4600 + 0,42 % C und WLP 200 + 1 % MCM + 0,35 % C durchgeführt.

In den Bildern 30 bis 38 sind einige der ermittelten Wöhlerkurven dargestellt. Der Werkstoff WPL 200 + 1 % MCM, der keinen freien Kohlenstoff enthält, weist Dauerfestigkeitswerte von 200 N/mm² und mehr auf (Bilder B 22 und B 23). Der Umformgrad hat bei diesem Werkstoff offenbar keinen erkennbaren

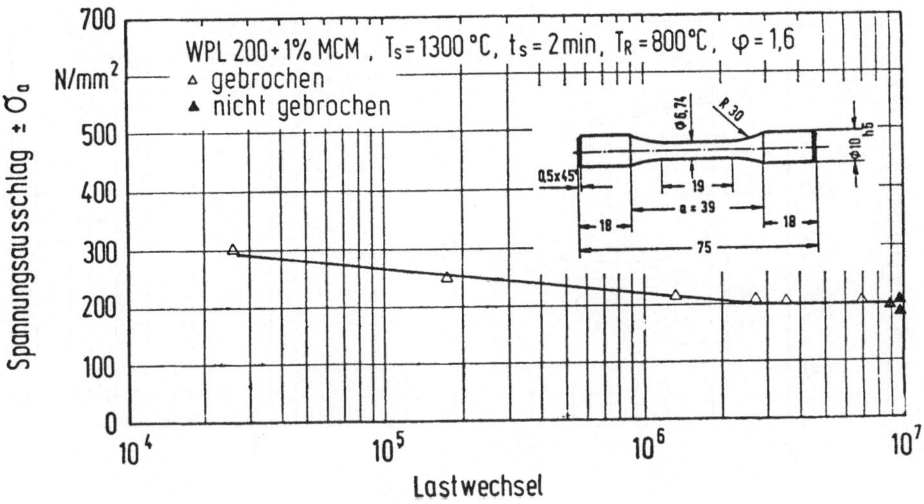

Bild 31: Wöhlerkurve induktiv gesinterter und fließgepreßter Teile.

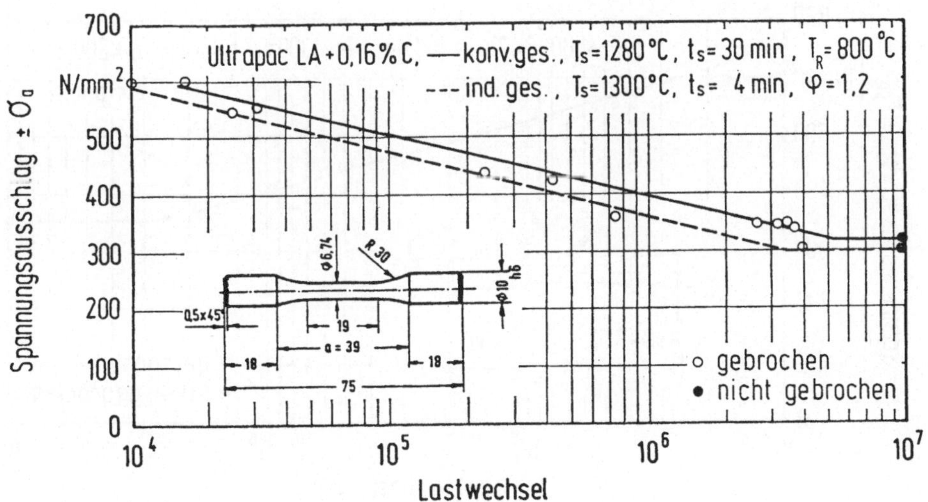

Bild 32: Wöhlerkurven fließgepreßter Teile.

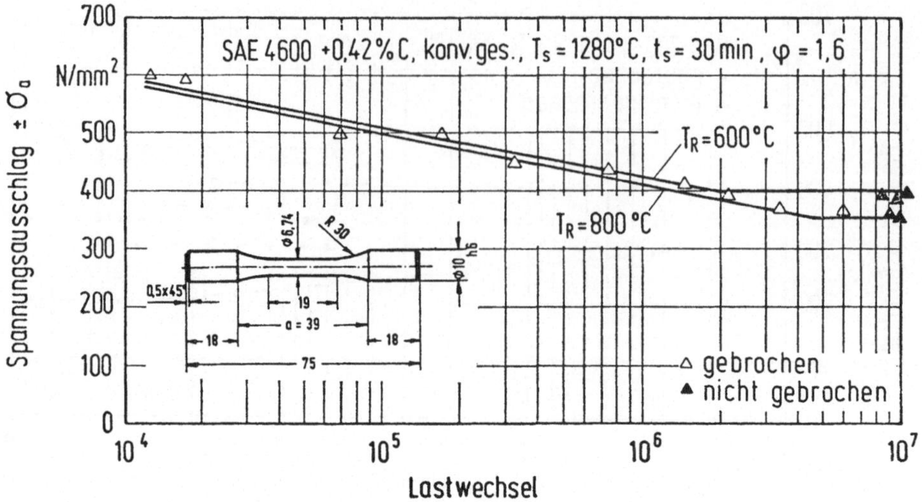

Bild 33: Wöhlerkurven konventionell gesinterter und fließgepreßter Sinterteile.

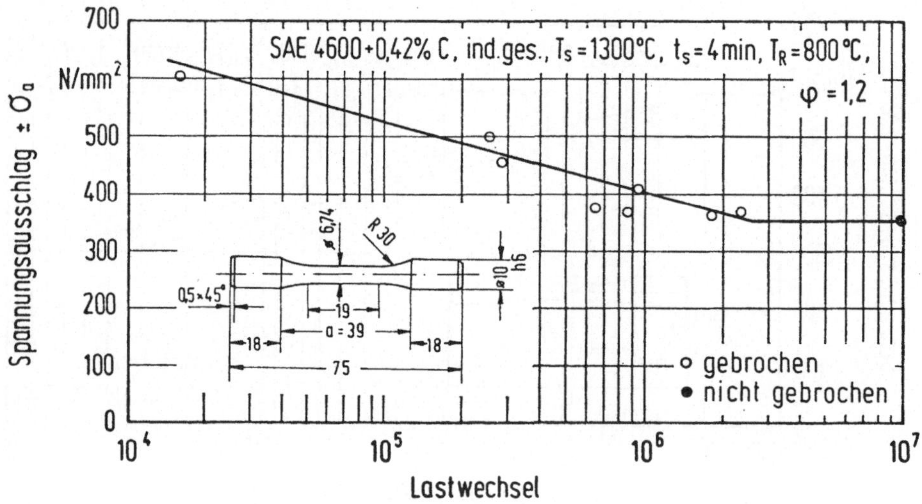

Bild 34: Wöhlerkurve induktiv gesinterter und fließgepreßter Teile.

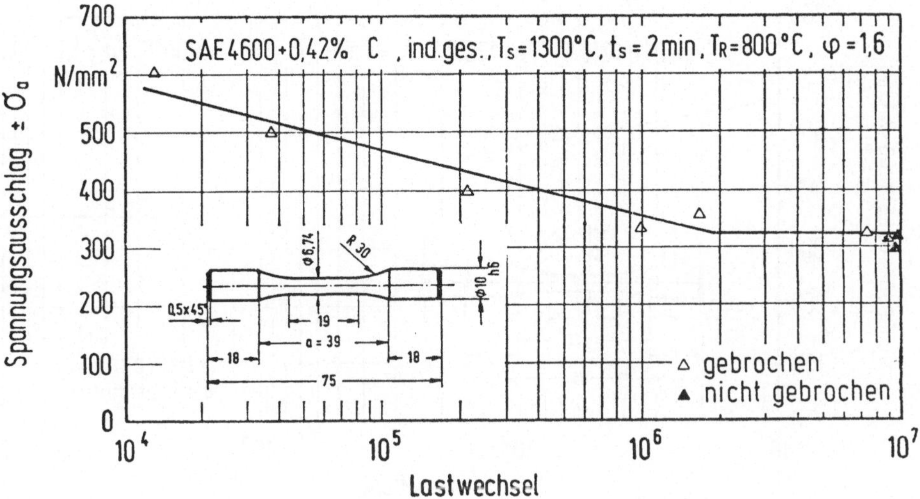

Bild 35: Wöhlerkurve induktiv gesinterter und fließgepreßter Teile.

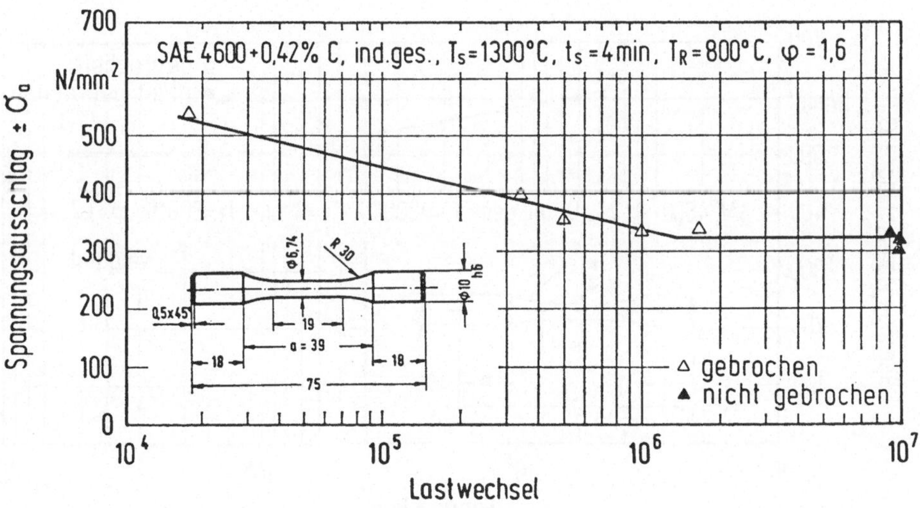

Bild 36: Wöhlerkurve induktiv gesinterter und fließgepreßter Teile.

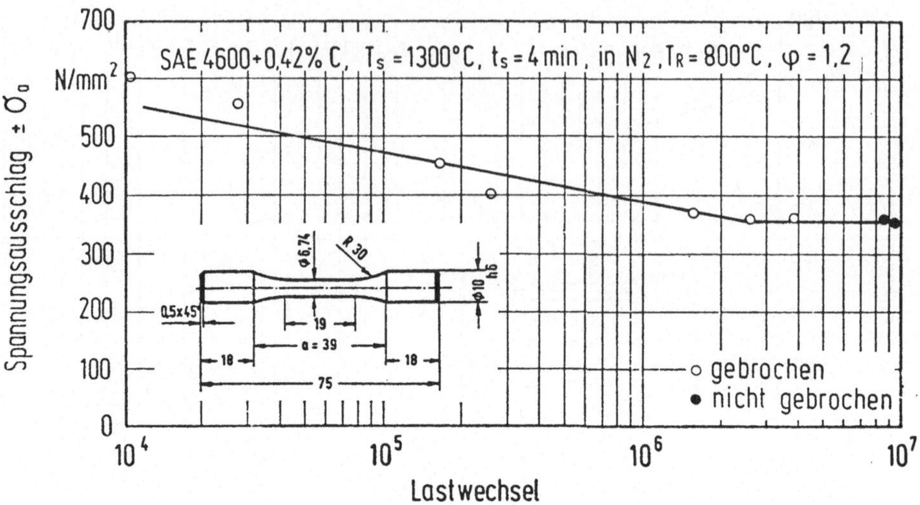

Bild 37: Wöhlerkurve induktiv in N_2 gesinterter und fließgepreßter Teile.

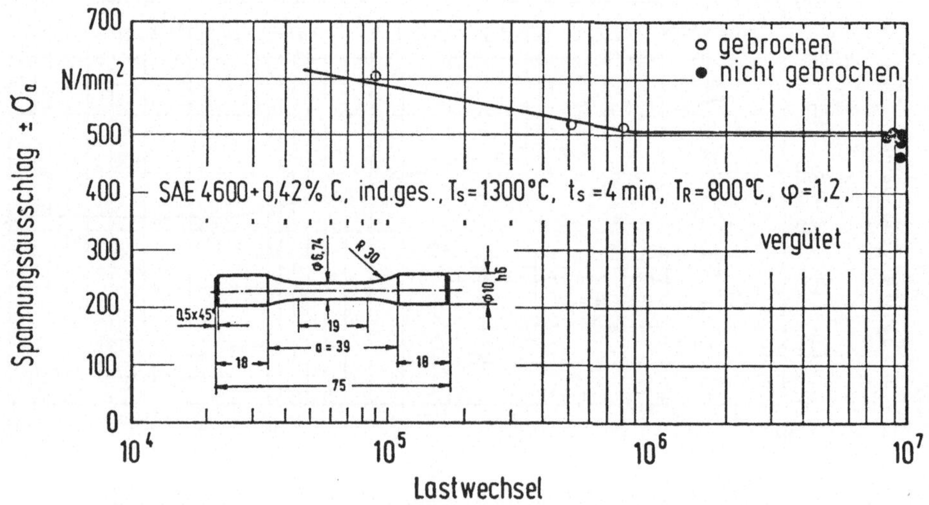

Bild 38: Wöhlerkurve fließgepreßter und vergüteter Sinterteile.

Einfluß auf die Dauerfestigkeitswerte. Dagegen übt die Rohteiltemperatur beim Umformen einen beträchtlichen Einfluß aus, der
bis zu 50 N/mm² ausmacht. Dieser Unterschied geht auf die
höhere Verfestigung zurück, die die Teile bei einer Rohteiltemperatur von 600 °C im Vergleich zu 800 °C durch die Umformung
erfahren. Bemerkenswert ist, daß die induktiv gesinterten Teile
bereits nach 2 min Sinterzeit und anschließendem Fließpressen
200 N/mm² Dauerfestigkeit erreichen (Bild 31), ein Wert,
der mit solchen konventionell gesinterter Teile vergleichbar
ist.

Mit steigendem Legierungs- und Kohlenstoffgehalt (Bilder 32
bis 38) nehmen die Dauerfestigkeitswerte zu. Der induktiv mit
einer Sinterzeit von 2 min (Bild 35) bzw. 4 min (Bild 36)
gesinterte SAE 4600 + 0,42 % C weist für beide Fälle identische Dauerfestigkeiten auf. Ein Vergleich der Ergebnisse induktiv gesinterter mit denen konventionell gesinterter Teile
(vgl. Tabelle 5) zeigt, daß induktiv gesinterte Teile stets
etwas niedrigere Dauerfestigkeiten erreichen, als konventionell
gesinterte Teile.

Durch induktives Sintern in einer Stickstoffatmosphäre nimmt
die Dauerfestigkeit, wie am Beispiel des SAE 4600 + 0,42 % C
(vgl. Tabelle 5) durchgeführt, leicht zu. Die vergüteten
Werkstoffe SAE 4600 + 0,42 % C und WPL 200 + 1 % MCM + 0,35 % C
erreichen 490 N/mm² Dauerfestigkeit.

Der Einfluß der verschiedenen Vorgangsgrößen, der speziellen
Legierungskomponenten sowie des Werkstoffzustandes ist so
komplex, daß es sinnvoll erscheint, die Biegewechselfestigkeit
wie in [73] mit der Brucheinschnürung und der Zugfestigkeit
zu verknüpfen. In [73] wird dabei folgende empirische Gleichung aufgestellt:

$$\sigma_{bw}/R_m = (0,24 + 0,4Z), \tag{12}$$

die den Zusammenhang zwischen der Biegewechselfestigkeit und
der Brucheinschnürung und Zugfestigkeit wiedergibt. Gleichung
(12) wird in [68] abgewandelt zu:

- 80 -

Tabelle 5: Zusammenfassung der Ergebnisse der Dauerfestigkeitsuntersuchungen

Werkstoff	T_R °C	φ	S	t_s min	A	W	σ_{bw} N/mm²
WPL200+1%MCM	600	1,6	K	30	M	keine	250
		1,9					250
	800	1,2					210
		1,6					215
		1,9					200
		1,6	I	2	H_2		200
UltrapacLA+ 0,16%C	600	1,2	K	30	M		340
			I	4	H_2		310
	800		K	30	M		320
SAE4600+ 0,42%C	600	1,6					400
	800						370
		1,2	I	4	H_2		350
		1,6					325
		1,9					315
		1,6		2			325
		1,2		4	N_2		355
					H_2	vergütet	490
WPL200+1%MCM +0,35%C		1,6	K	30	M		490

$$\sigma_{bw}/R_m = (0,25 + 0,3Z) \qquad\qquad (13)$$

welche die Verhältnisse beim Sinterschmieden recht gut beschreibt. Wesentliche Abweichungen zwischen den beiden Gleichungen ergeben sich erst für höhere Brucheinschnürungen.

Die in Tabelle 6 aufgelisteten Werte zeigen einen Vergleich zwischen gemessenen und nach Gleichung (12) und Gleichung (13) berechneten σ_{bw}-Werten. Dieser Vergleich zeigt, daß die nach Gleichung(12) berechneten Werte eine sehr gute Übereinstimmung mit den gemessenen Werten liefern, während Gleichung (13) die Verhältnisse weniger gut beschreibt. Die prozentuale Abweichung zwischen den nach Gleichung (12) berechneten Werten von den gemessenen σ_{bw}-Werten betragen maximal 12 %. Die mittlere prozentuale Abweichung beträgt 5 %.

Die ausschließlich an etwa 300 verschiedenen schmelzmetallurgischen Werkstoffen verifizierte Gleichung (12) beschreibt somit auch die Biegewechselfestigkeit halbwarmfließgepreßter Sinterstähle recht gut.

4.1.4 Härtemessungen

4.1.4.1 Versuchseinrichtungen und Versuchsdurchführung

Die Aufnahme der Härteverteilung nach Brinell (DIN 50351) erfolgte mit einer Kugel von 2 mm Durchmesser und einer Prüflast von 62,5 kg (HB 2,5/62,5) auf einem Härteprüfgerät (Fabrikat: Wolpert, Typ: Dia Testor 2 Rc). Hierfür wurden die Fließpreßteile entlang der Längsschnittebene geteilt und geschliffen. Meßpunkte wurden entlang der Mittelachse (z-Achse) und im Kopf-, Schulter- und Schaftbereich senkrecht zur Mittelachse (r-Achse) gelegt.

4.1.4.2 Ergebnisse

Während beim Kaltumformen erschmolzener Stähle [74] und poröser Metalle [4] ein Zusammenhang zwischen vorangegangener

Tabelle 6: Gemessene und berechnete Dauerfestigkeiten.

Werkstoff	T_R °C	φ	S	t_s min	A	W	R_m N/mm²	Z %	σ_{bw} N/mm² gemessen	σ_{bw} nach Gl.12	σ_{bw} nach Gl.13
WPL200+1%MCM	600	1,6	K	30	M	keine	568	51	250	252	229
		1,9					612	51	250	272	247
	800	1,2					392	63	210	193	173
		1,6					408	65	215	204	182
		1,9					404	63	210	199	177
Ultrapac LA +	600	1,2					882	30	340	318	300
0,16 % C	800						677	46	320	287	267
SAE 4600 +	600	1,6					921	48	400	398	363
0,42 % C	800						823	48	370	356	324
		1,2	I	4	H_2		760	55	350	350	315
		1,9					769	55	315	354	319
		1,2			N_2		800	52	355	358	325
					H_2	vergütet	1189	46	490	504	461

Umformung und mittlerer Härte existiert, ist eine solche Beziehung beim Umformen bei erhöhten Temperaturen nicht gegeben [23]. Entscheidend für die Höhe der Härte nach dem Halbwarmumformen ist, inwieweit die durch die Umformung entstehende Verfestigung durch Kristallerholungs- und Rekristallisationsvorgänge während und nach der Umformung wieder abgebaut wird.

Die Härtemessungen erfolgten an den Werkstoffen WPL 200, WPL 200 + 1 % MCM, Ultrapac LA + 0,16 % C und SAE 4600 + 0,42 % C. Die Bilder 39 bis 46 geben die Ergebnisse wieder.

Während die Härte kaltfließgepreßter Sinterteile stetig vom Kopf des Fließpreßteiles bis in den stationären Teil ansteigt [4, 16] und dabei Werte erreicht, die im Schaft fast doppelt so hoch sind wie im Kopf, ist der Härteverlauf bei den halbwarmfließgepreßten Teilen entlang der z-Achse bis auf wenige Ausnahmen im Mittel sehr gleichmäßig.

Bei den Werkstoffen 1 und 2 wird für tiefere Rohteiltemperaturen und bei den Werkstoffen 3 und 4 für alle Rohteiltemperaturen am freien Schaftende, d. h. im instationären Bereich, ein Abfall der Härte beobachtet. Diesem Härteabfall geht in einigen Fällen ein leichtes Ansteigen der Härte voraus. Das Abfallen der Härte am freien Schaftende ist auf die spezielle Probengeometrie zurückzuführen, die bewirkt, daß zu Beginn des Fließpreßvorgangs zwar eine Verdichtung des Werkstoffes eintritt, das freie Schaftende die Umformzone aber nicht durchläuft, wodurch keine zusätzliche Verfestigung eintritt. Bei den Werkstoffen 1 und 2, die aufgrund ihres geringen Legierungs- und Kohlenstoffgehaltes schnell rekristallisieren, wird die durch die Umformung hervorgerufene Verfestigung weitgehend abgebaut, so daß bei höheren Rohteiltemperaturen der Härteabfall am Schaftende nicht beobachtet wird.

Der Härteverlauf in radialer Richtung ist im Kopf-, Schulter- und Schaftbereich unterschiedlich. Während die Härtewerte im Kopfbereich im wesentlichen von r unabhängig sind, wird im Schulterbereich, insbesondere bei tieferen Rohteiltemperaturen, bereits eine Zunahme der Härte mit wachsendem r beobachtet. Dieser Trend nimmt im Schaftbereich teilweise leicht zu.

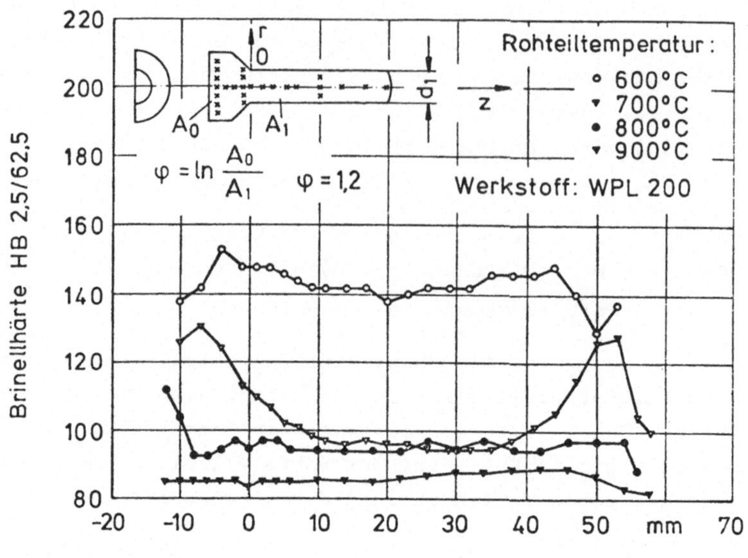

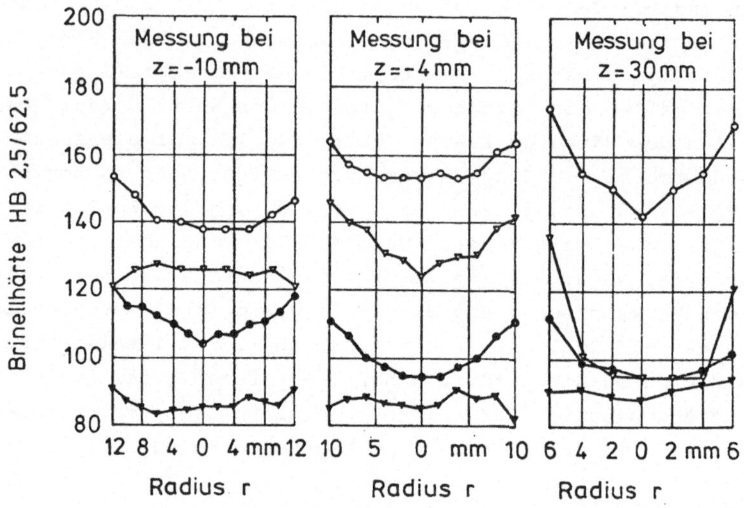

Bild 39: Härteverteilung an konventionell gesinterten und fließgepreßten Teilen.

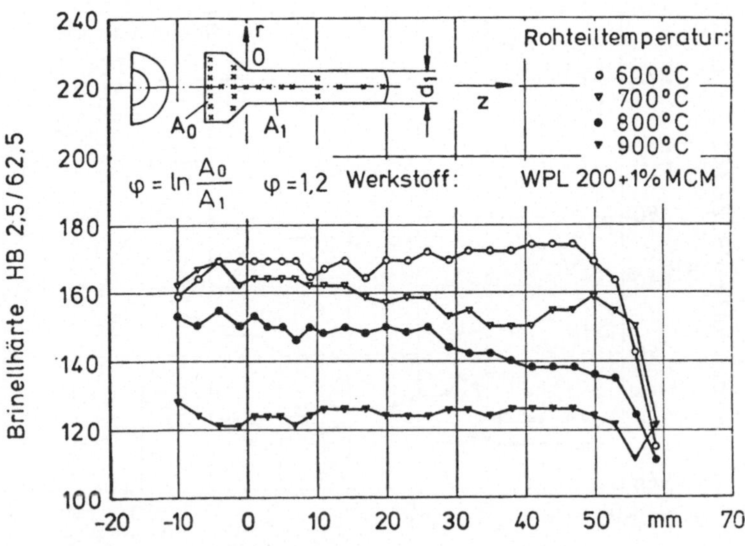

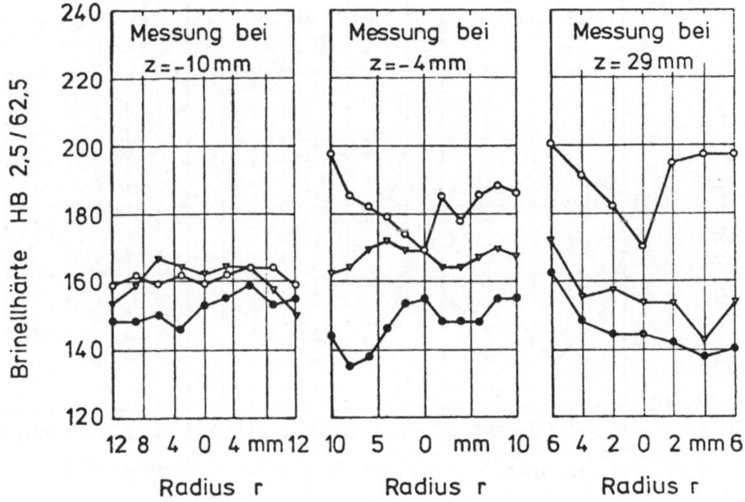

Bild 40: Härteverteilung an konventionell gesinterten und fließgepreßten Teilen.

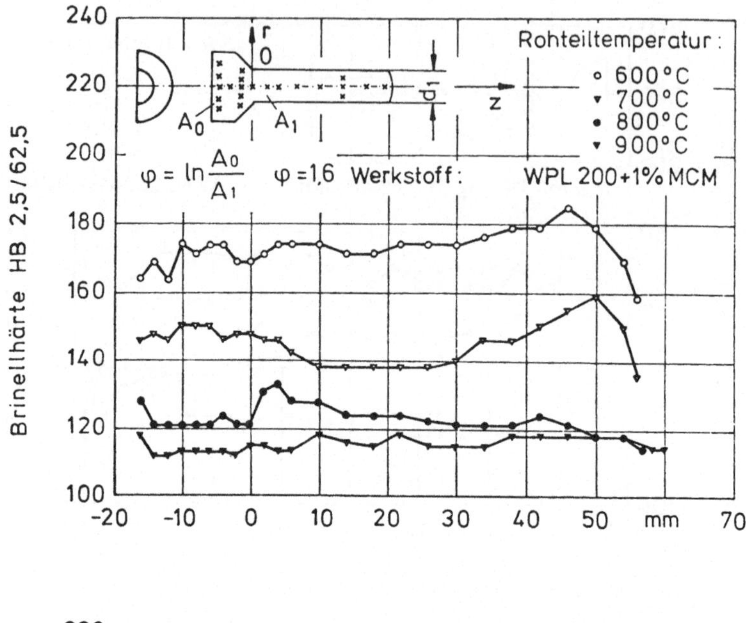

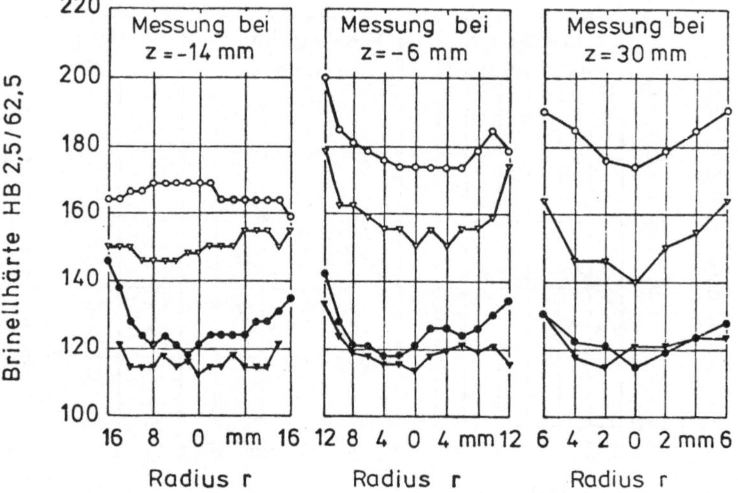

Bild 41: Härteverteilung an konventionell gesinterten und fließgepreßten Teilen.

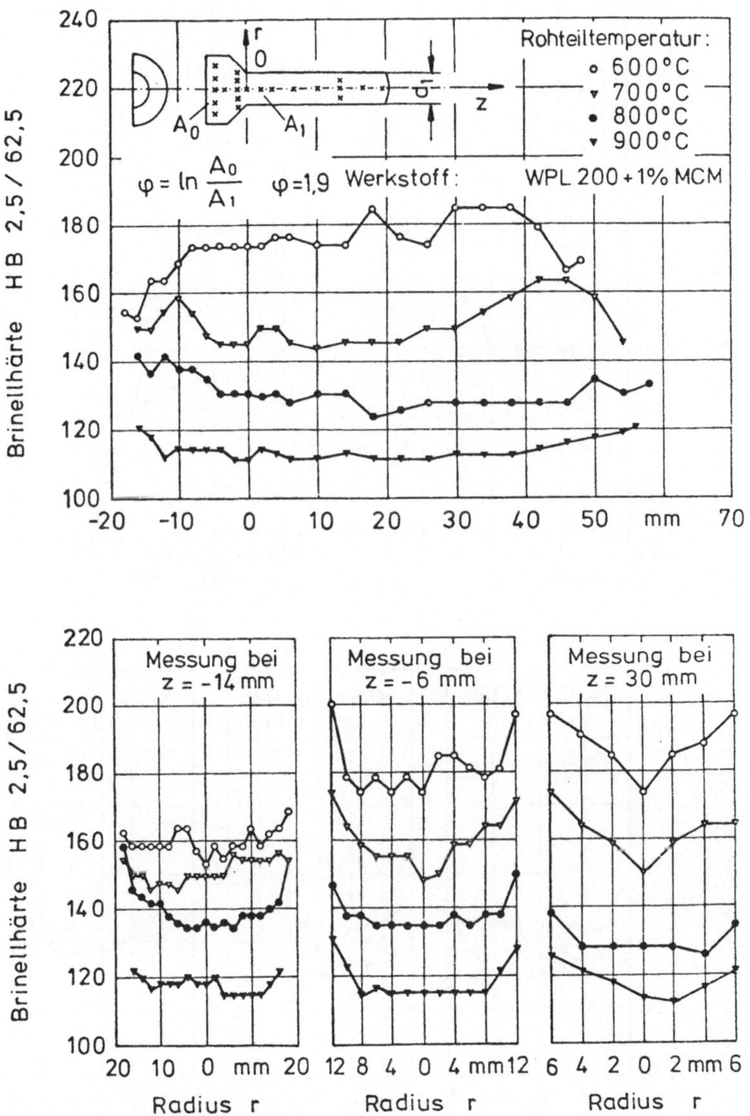

Bild 42: Härteverteilung an konventionell gesinterten und
fließgepreßten Teilen.

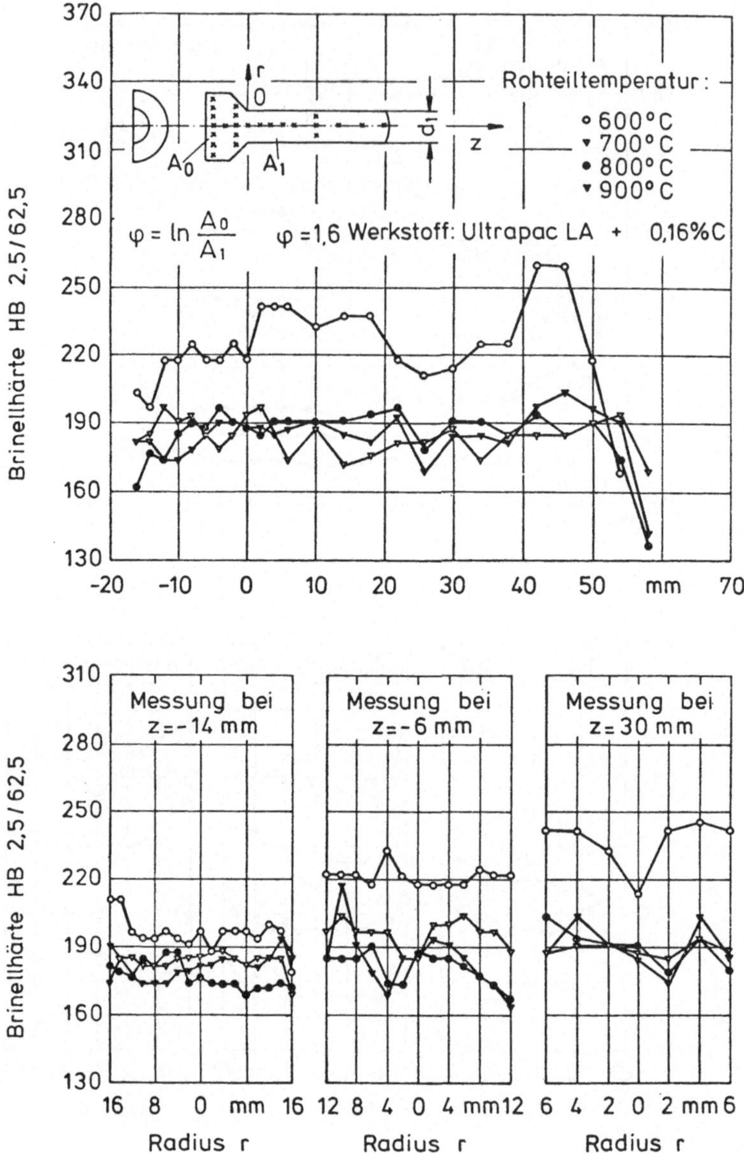

Bild 43: Härteverteilung an konventionell gesinterten und fließgepreßten Teilen.

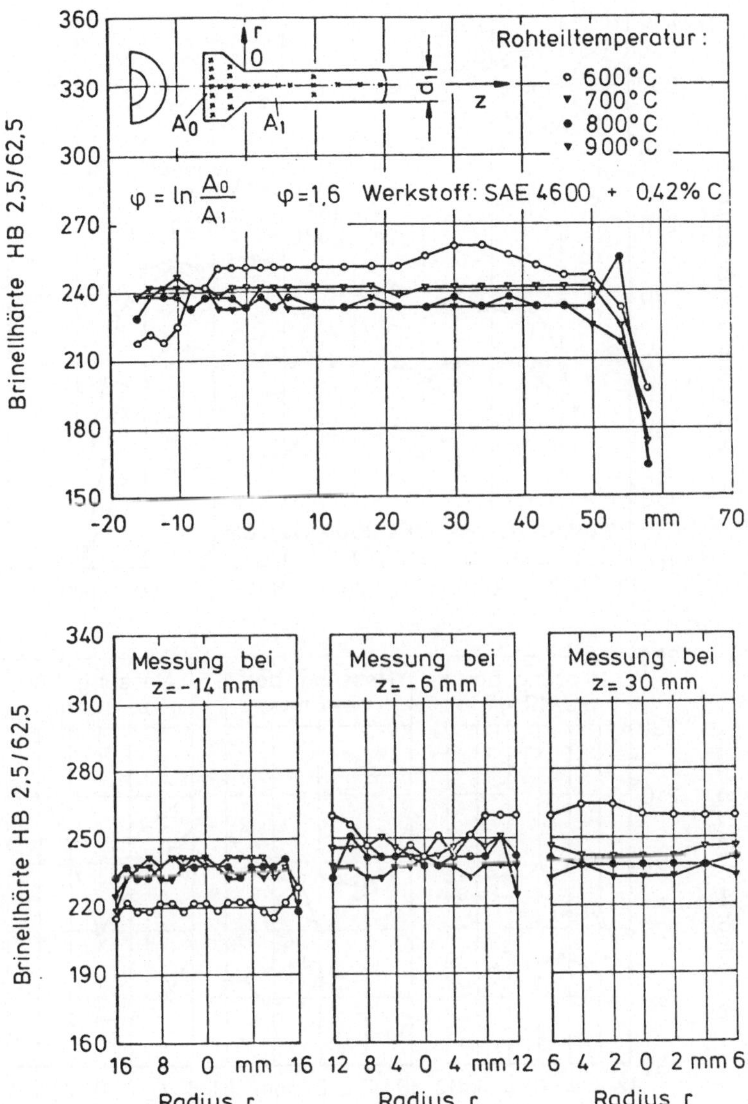

Bild 44: Härteverteilung an konventionell gesinterten und
fließgepreßten Teilen.

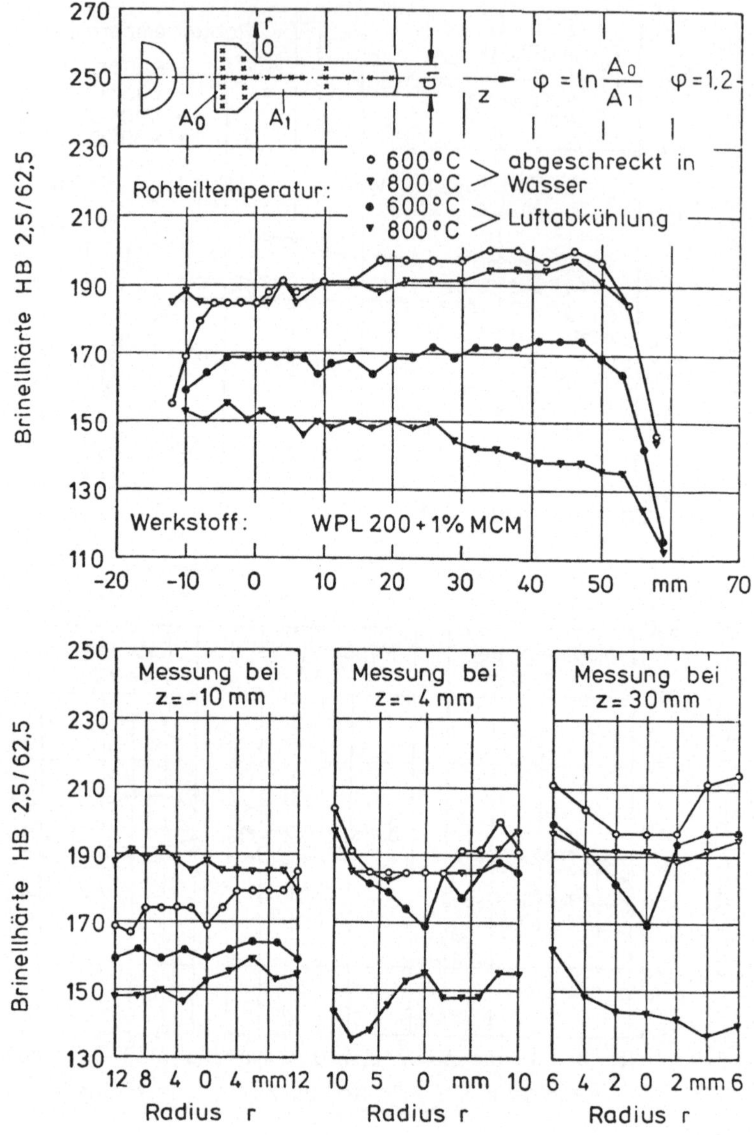

Bild 45: Härteverteilung an in Luft abgekühlten bzw. in Wasser abgeschreckten Teilen.

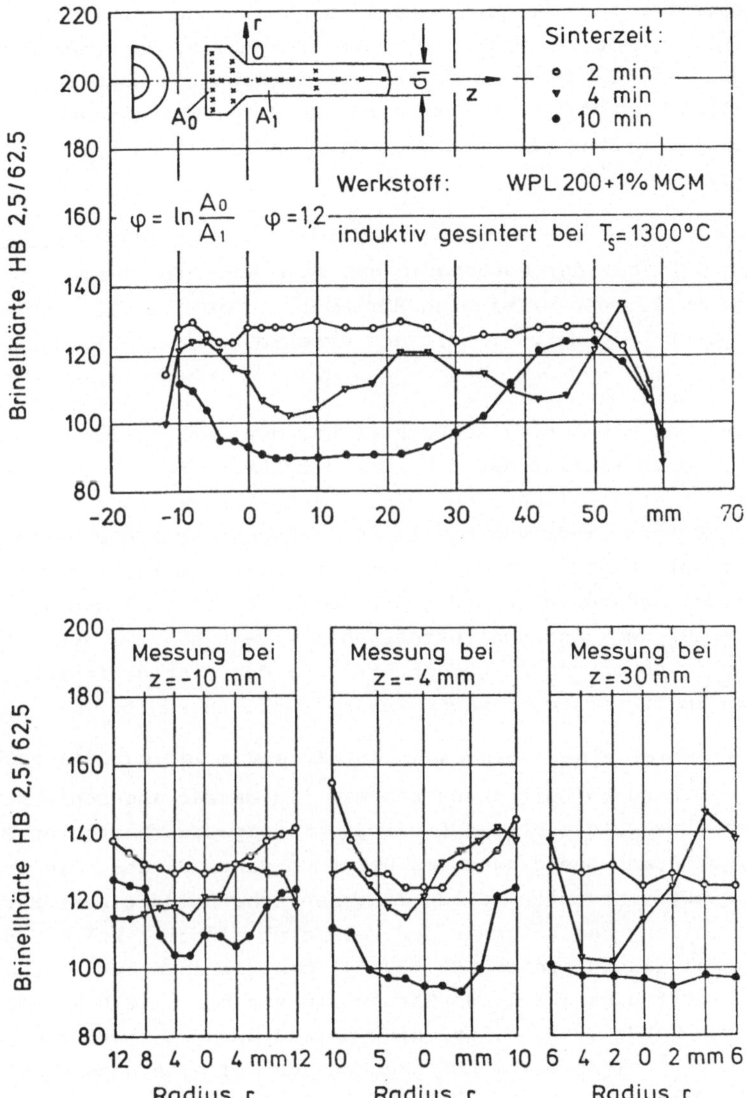

Bild 46: Einfluß der Sinterzeit auf die Härte fließgepreßter Teile.

Die Ursachen für die Härtezunahme mit wachsendem r liegen einmal in der größeren Vergleichsformänderung am Außenrand der Fließpreßteile und zum anderen in der rascheren Abkühlung der Oberfläche der Teile im Vergleich zum Kern. Mit zunehmender Rohteiltemperatur gleichen sich diese Härteunterschiede fast vollständig aus.

Wie am Beispiel des Werkstoffes 2 zu sehen ist (vgl. Bilder 40 bis 42), hat der Umformgrad nur eine untergeordnete Bedeutung für die erreichten Härtewerte. Die gleiche Beobachtung wurde auch beim Halbwarmumformen erschmolzener Stähle gemacht [27].

Dagegen hat die Rohteiltemperatur bei den Werkstoffen 1 und 2 einen großen Einfluß auf die Höhe der Härtewerte. Beim Werkstoff 1 treten zwischen den Rohteiltemperaturen 600 °C und 900 °C Unterschiede von bis zu 90 %, bezogen auf die Härte bei 900 °C auf. Dieser temperaturbedingte Härteunterschied verschwindet nahezu vollständig bei den Werkstoffen 3 und 4, wo die Legierungs- und Kohlenstoffgehalte weit höher liegen. Eine analoge Beobachtung konnte bereits bei den Festigkeitskennwerten im Zugversuch gemacht werden (vgl. Abschnitt 4.1.1.2).

Bild 45 zeigt einen Vergleich der Härte von Teilen, die nach der Umformung an Luft abkühlten bzw. in Wasser abgeschreckt wurden. Das Bild gibt den Einfluß der temperaturbedingten Entfestigung nach Beendigung des Umformvorgangs wieder. Die in Wasser abgeschreckten Teile erreichen nahezu identische Härtewerte entlang der z-Achse. Der Vergleich dieser Werte mit denen eines kaltfließgepreßten RZ 150 [4] bei gleichem Umformgrad und Matrizenöffnungswinkel, wo Härtewerte von bis zu 270 Brinell gemessen werden, zeigt, daß die während der Umformung und in der kurzen Zeit bis zum Abschrecken der Teile in Wasser ablaufenden Entfestigungsvorgänge dominieren.

Bild 46 zeigt die an induktiv gesinterten und voll-vorwärtsfließgepreßten Teilen gemessenen Härtewerte. Ersichtlich fällt im stationären Bereich des Fließpreßteiles die Härte mit zunehmender Sinterzeit, was sich auch in den Gefügeaufnahmen (vgl. Bild 60) äußert.

4.1.5   Werkstoffkennwerte aus dem Stauchversuch

4.1.5.1 Versuchseinrichtungen und Versuchsdurchführung

Aus dem Schaft der fließgepreßten Werkstücke wurden zylindrische Stauchproben herausgearbeitet. Der Durchmesser der Stauchproben betrug 10 mm $\pm$ 0,01 mm, die Höhe der Proben 16 mm $\pm$ 0,01 mm.
Die Proben wurden bei Raumtemperatur auf halbe Höhe gestaucht,
entsprechend einem Stauchgrad von φ = 0,7. Die Versuche erfolgten auf einer hydraulischen Universalprüfmaschine (Fabrikat:
Losenhausen, Typ: UHP 40000 Kp) mit einer Nennkraft von 400 kN
bei einer Prüfgeschwindigkeit von 16 mm/min. Die Kraft- und
Wegsignale wurden während des Vorgangs auf einem Rechner aus-
gewertet, so daß die Fließspannung direkt gegen den Umformgrad mittels eines x-y-Schreibers aufgezeichnet wurde.

4.1.5.2 Ergebnisse

Die Versuche erfolgten an den Werkstoffen Ultrapac LA + 0,16 % C
und SAE 4600 + 0,42 % C sowie in einigen Stichversuchen an den
Werkstoffen WPL 200 und WPL 200 + 1 % MCM. Bild 47 zeigt die
Fließkurven der konventionell gesinterten Rohteile, während
die Bilder 48 bis 52 ausgewählte Ergebnisse an fließgepreßten Rohteilen wiedergeben. Wie in Bild 47 zu ersehen ist, weisen die Werkstoffe 1 und 2 bereits im Ausgangszustand deutliche Streckgrenzeneffekte auf, die auf interstitiell gelöste
Kohlenstoff- und Stickstoffatome [43] zurückgehen. Nach dem
Fließpreßvorgang treten diese noch stärker in Erscheinung, da
die Versetzungsdichte und auch der Stickstoffgehalt - bedingt
durch den Sintervorgang - höher sind. Beim Werkstoff Ultrapac
LA + 0,16 % C treten auch nach dem Fließpressen keine Streckgrenzeneffekte auf, während der Werkstoff SAE 4600 + 0,42 % C
bei einer Rohteiltemperatur von 600 °C einen leichten Streck-
grenzeneffekt aufweist.

Bei Rohteiltemperaturen von 600 °C tritt bei den Werkstoffen
Ultrapac LA + 0,16 % C und SAE 4600 + 0,42 % C teilweise ein
geringfügiger Abfall der Fließspannung bei Stauchgraden um
φ = 0,5 ein. Es konnte jedoch an keiner der untersuchten

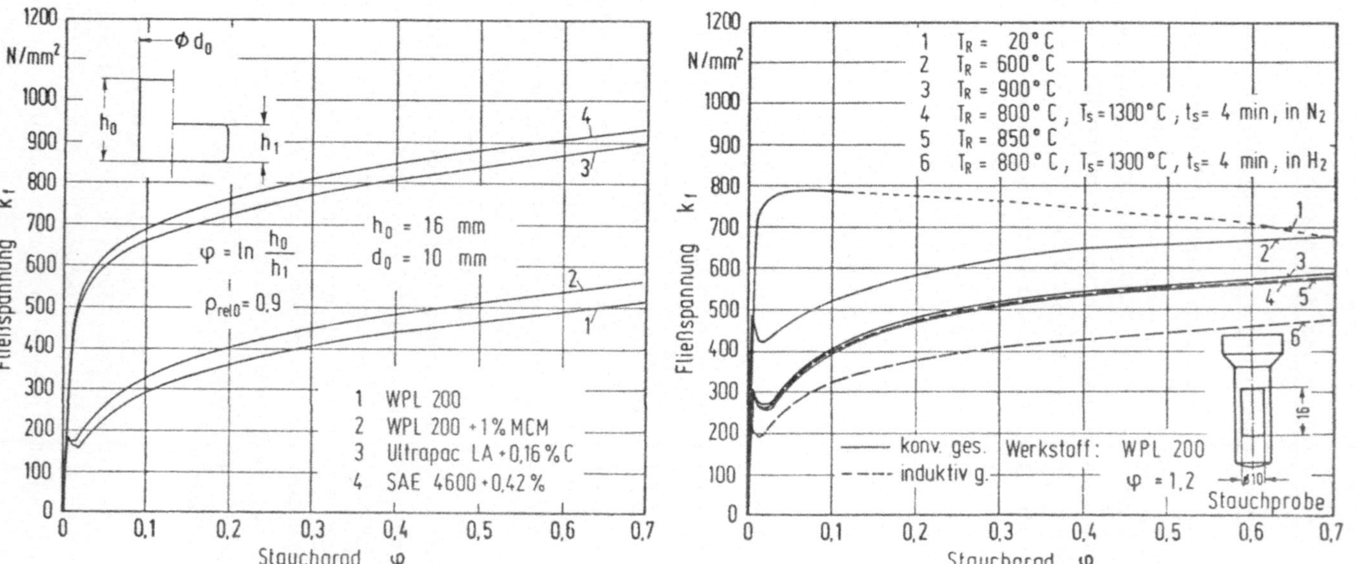

Bild 47: Fließkurven konventionell gesinterter Teile.

Bild 48: Fließkurven konventionell gesinterter und fließgepreßter Teile.

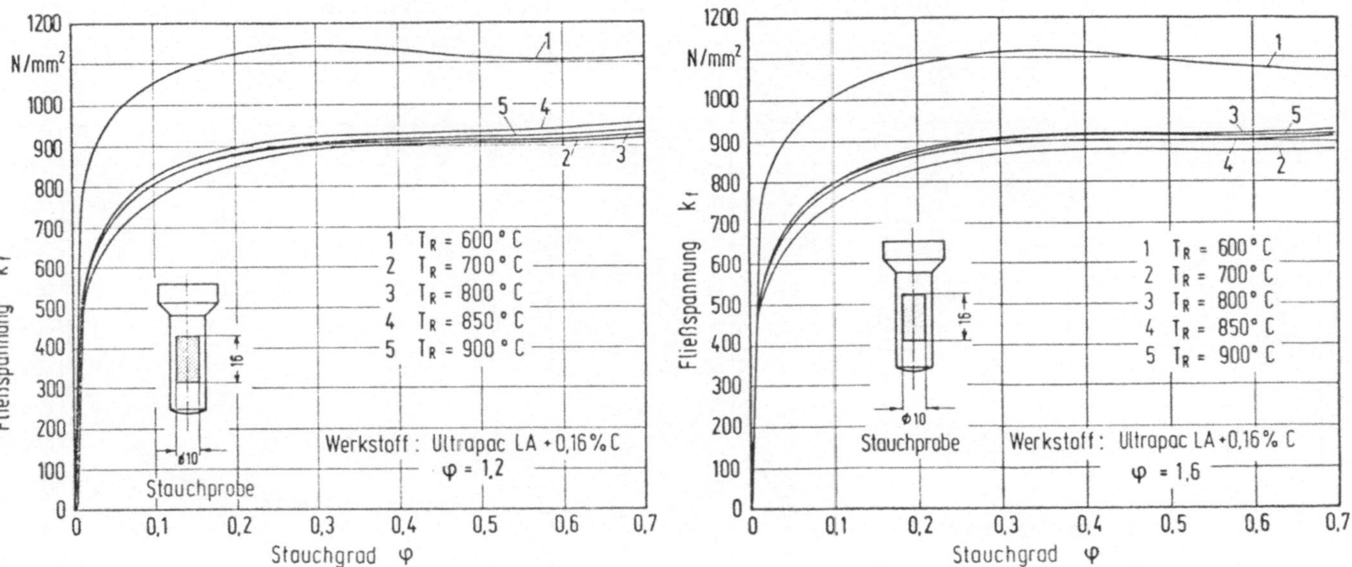

Bild 49: Fließkurven konventionell gesinterter und fließgepreßter Teile.

Bild 50: Fließkurven konventionell gesinterter und fließgepreßter Teile.

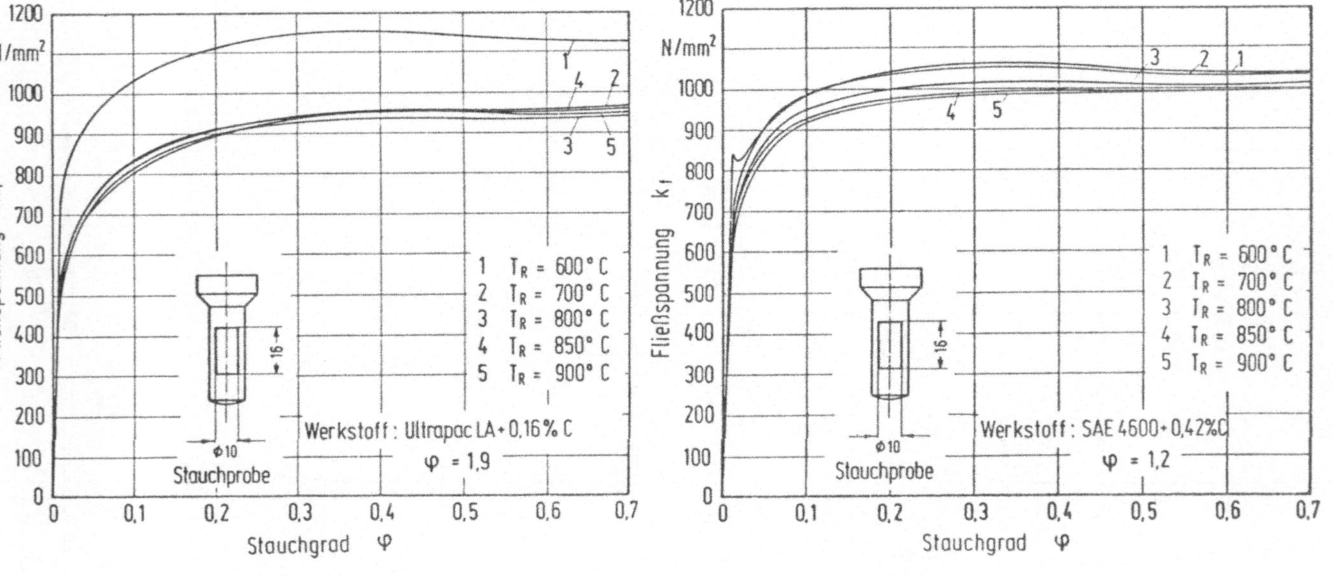

Bild 51: Fließkurven konventionell gesinterter und fließgepreßter Teile.

Bild 52: Fließkurven konventionell gesinterter und fließgepreßter Teile.

Proben, die an im Temperaturbereich von 600 °C bis 900 °C
fließgepreßten Teilen vorgenommen wurden, Risse festgestellt
werden. Dagegen wies eine Stauchprobe eines bei Raumtemperatur
fließgepreßten Teiles aus WPL 200 bereits bei einem Stauchgrad
von $\varphi = 0,1$ einen erheblichen Abfall der Fließspannung auf.
Gleichzeitig traten auf der Mantelfläche der Stauchprobe star-
ke Risse in axialer Richtung auf.

Der Einfluß des Umformgrades beim Fließpressen auf den Verlauf
der Fließkurve im Stauchversuch kann als vernachlässigbar
bezeichnet werden. Dagegen übt die Rohteiltemperatur einen deut-
lichen Einfluß aus, der jedoch mit zunehmendem Kohlenstoffgehalt abnimmt und schließlich beim Werkstoff SAE 4600 + 0,42 % C
wie bereits bei den Härtewerten feststellbar war, fast ganz
verschwindet.

Bild 53 zeigt den Verlauf der Anfangsfließspannung k_{fo} nach
dem Fließpressen in Abhängigkeit von der Rohteiltemperatur
für die Werkstoffe Ultrapac LA + 0,15 % C und SAE 4600 + 0,42 % C.
Der Temperaturverlauf der Anfangsfließspannung ist analog den
entsprechenden Temperaturverläufen der oberen Streckgrenze
(vgl. Bilder 10 und 11).

Die Abhängigkeit des Verfestigungsexponenten von der Rohteiltemperatur zeigt Bild 54. Für den Werkstoff SAE 4600 + 0,42 % C ergibt sich dabei ein nahezu konstanter Wert bei den untersuchten Rohteiltemperaturen. Dagegen ist die Temperaturabhängigkeit des Verfestigungsexponenten beim Werkstoff Ultrapac LA
+ 0,16 % C etwas größer, wobei der Verfestigungsexponent nach
anfänglichem Anstieg wieder leicht abfällt. Bei dem Werkstoff
WPL 200 ist die Temperaturabhängigkeit des Verfestigungsexponenten am größten. Hier steigt der Wert des Verfestigungsexponenten von etwa 0,11 bei 600 °C Rohteiltemperatur auf 0,31
bei 900 °C Rohteiltemperatur.

4.1.6   Dichte der fließgepreßten Werkstücke

Die Dichte pulvermetallurgischer Erzeugnisse hat eine außeror-
dentliche Bedeutung für die mechanischen Eigenschaften dieser

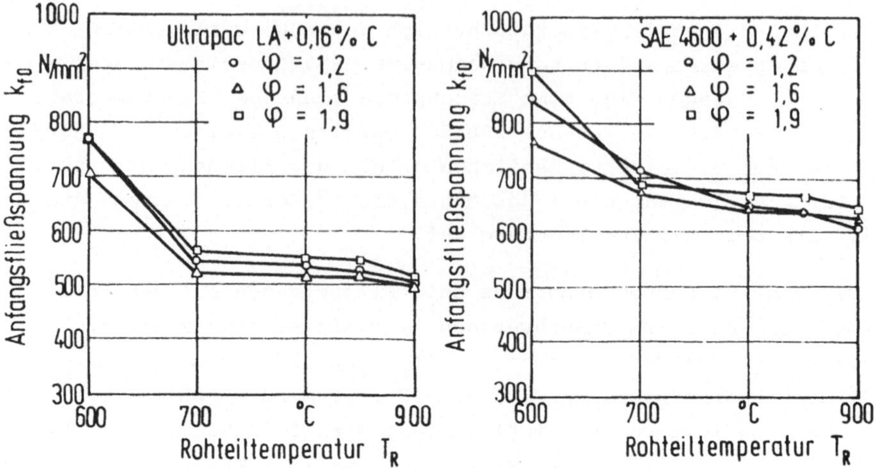

Bild 53: Einfluß der Rohteiltemperatur beim Fließpressen auf die Anfangsfließspannung der Fließpreßteile bei Raumtemperatur.

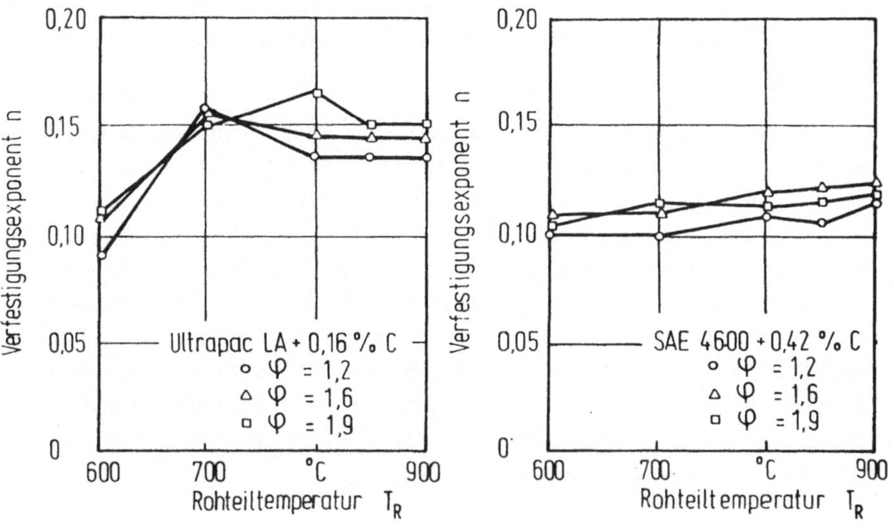

Bild 54: Einfluß der Rohteiltemperatur beim Fließpressen auf den Verfestigungsexponenten bei Raumtemperatur.

Produkte. Hierbei spielt die Zahl der Poren, ihre Größenver-
teilung und nicht zuletzt ihre Form eine wesentliche Rolle.
Der Einfluß einer Restporosität ist besonders bei geringer
Porosität groß [75, 76, 77 und 78], so daß bereits Porositäten von weniger als 1 % die mechanischen Eigenschaften erheblich beeinträchtigen.

Daher wurde die Dichte der fließgepreßten Werkstücke an
zylindrischen Proben der Abmessung:h = 16 mm $\pm$ 0,01 mm und
d = 10 mm $\pm$ 0,01 mm bestimmt. Die Proben wurden dem Schaft der
Fließpreßteile entnommen. Die Teile wurden auf einer elektronischen Waage mit einer Ganggenauigkeit von $\pm$ 0,005 g ausgewogen, so daß mit Hilfe des berechneten Volumens der Teile ihre
Dichte bestimmt werden konnte, siehe Tabelle 7.

Die an den Werkstoffen Ultrapac LA + 0,16 % C und SAE 4600 +
0,42 % C vorgenommenen systematischen Untersuchungen lassen
weder einen Einfluß der Rohteiltemperatur noch einen
Einfluß des Umformgrades auf die erzielbare relative Dichte
erkennen. Auch die an den Werkstoffen WPL 200 + 1 % MCM und
WPL 200 vorgenommenen Stichversuche weisen äquivalente Werte
auf. Sie pendeln um den Wert 7,86 g/cm³, der theoretischen
Dichte des Eisens.

Anhand einer Fehlerbetrachtung wird gezeigt, daß sich diese
Schwankungen der ermittelten Dichtewerte innerhalb der Fehler-
grenzen bewegen. Hierfür wird mittels des Fehlerfortpflan-
zungsgesetzes der maximal größte Fehler in ρ bestimmt:

$$\Delta\rho_{max} = \left|\frac{\Delta m}{V}\right| + m\left|\frac{\Delta V}{V^2}\right| \tag{14}$$

Hier ist $\Delta\rho_{max}$ der maximale Fehler in ρ, Δm der Fehler bei der
Massenbestimmung, ΔV der Volumenfehler, V das Volumen und m
die Masse der Teile. Aus den gegebenen Werten für die rechte
Seite der Gleichung 14 ergibt sich für den maximalen Fehler
der Dichte: $\Delta\rho_{max} = \pm$ 0,044 g/cm³. Es folgt, daß alle ermittelten Dichtewerte innerhalb des um den Wert 7,86 g/cm³ durch
$\Delta\rho_{max}$ aufgespannten Fehlerintervalles liegen.

In [75] wurde in Warmstauchversuchen bei einer Rohteiltempera-

Tabelle 7: Dichte der Fließpreßteile, ermittelt im stationären Bereich des Schaftes.

Werkstoff	T_R in °C	φ	ρ_{rel1}
Ultrapac LA + 0,16 % C	600	1,2	7,88
	700		7,85
	800		7,82
	850		7,84
	900		7,88
	600	1,6	7,88
	700		7,82
	800		7,87
	850		7,88
	900		7,88
	600	1,9	7,84
	700		7,88
	800		7,85
	850		7,83
	900		7,85
SAE 4600 + 0,42 % C	600	1,2	7,84
	700		7,83
	800		7,84
	850		7,87
	900		7,87
	600	1,6	7,84
	700		7,85
	800		7,87
	850		7,84
	900		7,88
	600	1,9	7,87
	700		7,84
	800		7,84
	850		7,85
	900		7,88
WPL 200 + 1 % MCM	600	1,9	7,86
	700		7,84
	800		7,85
WPL 200	600	1,2	7,86
		1,9	7,85

tur von 1140 °C und einem Stauchgrad von $\varphi = 1$ in der Mitte
der Stauchprobe eine relative Dichte von 1 ermittelt. In einer
weiterführenden Untersuchung wurde gezeigt, daß die Schmiedetemperatur (untersuchter Bereich: 820 °C bis 1210 °C) von einem
gegebenen Stauchgrad ab keinen Einfluß auf die Verdichtung des
Werkstoffes hat. Die vorliegenden Ergebnisse beim Fließpressen
zeigen ebenfalls, daß die Rohteiltemperatur oberhalb eines bestimmten Umformgrades keinen Einfluß auf die Dichte der fließgepreßten Werkstücke hat.

Theoretische Betrachtungen über den Verdichtungsprozess beim
Warmfließpressen poröser Metalle sind in [79] beschrieben. Der
angegebene Zusammenhang zwischen der relativen Rohteildichte
ρ_{rel0}, der Dichte der Fließpreßteile ρ_{rel1} und dem Umformgrad:

$$\frac{1 - \rho_{rel1}}{1 - \rho_{rel0}} \left(\frac{\rho_{rel0}}{\rho_{rel1}} \right)^{5/3} = \exp\left[-\varphi \right] \qquad (15)$$

beschreibt den Sachverhalt nicht präzise genug. Bei einem Umformgrad von $\varphi = 1{,}2$ und einer relativen Rohteildichte von
0,9 wird nach Gleichung (15) eine Dichte von $\rho_{rel1} = 0{,}966$
erzielt, die jedoch erheblich unterhalb der gemessenen Werte
liegt. Selbst mit einem Umformgrad von $\varphi = 1{,}9$ wäre nach
Gleichung (15) nur eine Dichte von $\rho_{rel1} = 0{,}98$ zu erreichen.

In [80] wird ein einfaches Modell vorgestellt, das das Verhalten von Poren unter Druck und plastischer Deformation beschreibt.
Danach sollten unter den gegebenen Bedingungen relative Werk-
stückdichten von $\rho_{rel1} = 0{,}998$ und größer erzielt werden können, was den gemessenen Werten sehr nahe kommt.

4.1.7   <u>Zusammenfassung und vergleichende Betrachtung der
          Versuchsergebnisse</u>

Durch Voll-Vorwärts-Fließpressen bei erhöhten Temperaturen
werden die mechanischen Eigenschaften poröser Eisenwerkstoffe
erheblich verbessert. Die erzielbaren Eigenschaften sind vor

allem von der Temperatur abhängig. Der Einfluß des Umformgrades ist hierbei von untergeordneter Bedeutung.

Die Werkstoffkennwerte aus dem Zugversuch sind gekennzeichnet durch hohe Brucheinschnürung und Bruchdehnung. So sind die Ergebnisse des WPL 200 vergleichbar mit den Kennwerten des Kaltfließpreßwerkstoffes QSt 32-3 (Ma 8) im nicht umgeformten Zustand [4]. Die Kennwerte der Werkstoffe WPL 200 + 1 % MCM, Ultrapac LA + 0,16 % C und SAE 4600 + 0,42 % C sind absolut gleichwertig mit denen entsprechend sintergeschmiedeter Werkstoffe [68, 81, 82].

Die Kerbschlagarbeiten der fließgepreßten Teile werden durch den Werkstofffluß beim Fließpressen in Verbindung mit den erhöhten Rohteiltemperaturen günstig beeinflußt. Die erzielten Werte sind mit denen entsprechend sintergeschmiedeter [66, 71 und 64] und teils mit denen erschmolzener Werkstoffe [27] vergleichbar. Besonders hohe Kerbschlagarbeiten weist der induktiv gesinterte MCM-legierte Werkstoff auf.

Die gemessenen Dauerfestigkeiten der fließgepreßten Sinterwerkstoffe können gut durch die von Just [73] angegebene Gleichung beschrieben werden. Hierdurch ist eine gewisse Analogie zu schmelzmetallurgischen Werkstoffen gegeben.

Die Härte der umgeformten Sinterwerkstoffe wird weitgehend bestimmt durch deren Rekristallisationsverhalten und die Rohteiltemperatur beim Fließpressen. Die Härteunterschiede bei verschiedenen Rohteiltemperaturen verlieren sich mit steigendem Kohlenstoffgehalt.

Die gemessene Dichte der fließgepreßten Werkstücke ist unabhängig vom untersuchten Umformgrad und der Umformtemperatur und kann mit der theoretischen Dichte gleichgesetzt werden.

4.2   Oberflächenbeschaffenheit und Maßgenauigkeit

Die beim Warmumformen von Stählen üblichen Umformtemperaturen von bis zu 1250 °C führen zu einer Verzunderung des Werkstükkes, verbunden mit einer erheblichen Aufrauhung der Oberfläche. Verzunderung setzt bereits bei 600 °C ein. Jedoch beeinflussen erst ab 800 °C Randentkohlung und Verzunderung die Oberflächenbeschaffenheit der Werkstücke, so daß beim Halbwarmumformen Rauhtiefenwerte zwischen 4 µm und 12 µm auftreten. Bei ausschließlicher Werkzeugschmierung, wie hier angewendet, muß mit Rauhtiefenwerten zwischen 20 µm und 60 µm gerechnet werden [83].

Zur Erfassung der Oberflächenbeschaffenheit wurde die Schaftoberfläche der fließgepreßten Werkstücke mittels eines Oberflächenmeßgerätes (Fabrikat: Hommel, Typ: TKE 100) geprüft. Je Werkstück wurden 10 Messungen mit einer Tastgeschwindigkeit von 0,5 mm/s und einer Tastlänge von 3,2 mm durchgeführt. Die Rauhtiefe R_t, die gemittelte Rauhtiefe R_z (DIN 4768) und die Glättungstiefe R_p für die mit $\varphi = 1,2$ und $\varphi = 1,9$ umgeformten Werkstoffe Ultrapac La + 0,16 % C und SAE 4600 + 0,42 % C sind in Tabelle 8 aufgelistet.

Ein systematischer Zusammenhang zwischen den gemessenen Werten und der Rohteiltemperatur bzw. dem Umformgrad ist hierbei nicht festzustellen. Dagegen ergibt sich eine merkliche Richtungsabhängigkeit, wobei die in Umfangsrichtung gemessenen Werte stets größer sind als die in Längsrichtung gemessenen. Die Rauhtiefenwerte liegen zwischen 3 µm und 53 µm, wie beim Halbwarmumformen üblich.

Die Maßgenauigkeit der Werkstücke wurde exemplarisch am Schaftdurchmesser ermittelt. Die dabei auftretenden Fehler werden einerseits durch die elastische Aufweitung der Matrize und andererseits durch den Schrumpfungsvorgang beim Abkühlen des Fließpreßteiles verursacht. Beide Fehler wirken sich entgegengesetzt aus, so daß die durch die elastische Aufweitung der Matrize bedingte Zunahme des Schaftdurchmessers durch den Schrumpfungsvorgang beim Abkühlen mehr oder weniger korrigiert wird.

Bild 55 gibt die an den Werkstoffen Ultrapac La + 0,16 % C und SAE 4600 + 0,42 % C ermittelten relativen Maßabweichungen wieder. Für den Umformgrad $\varphi = 1,9$ überwiegt die Aufweitung der Matrize, während beim kleineren Umformgrad die Schrumpfung

Tabelle 8: Oberflächenkennwerte aus dem Schaftbereich voll-vorwärts-fließgepreßter Sinterteile.

Werkstoff	φ	T_R in °C	R_Z in µm		R_t in µm		R_P in µm	
			azimutal	axial	azimutal	axial	azimutal	axial
SAE 4600 + 0,42 % C	1,2	600	18,4	6,2	30,7	14,4	12,2	3,8
		700	18,2	5,5	33,7	7,7	13,3	2,7
		800	20,9	4,2	38,1	5,3	16,8	3,2
		850	20,0	7,7	30,9	18,4	9,2	3,4
		900	18,0	9,4	26,5	16,7	11,0	7,9
	1,9	600	21,05	3,9	34,0	5,3	14,7	2,5
		700	17,35	2,0	32,0	3,1	11,9	1,46
		800	17,45	3,8	32,2	5,4	12,15	2,4
		850	25,15	5,6	42,0	8,0	13,25	3,2
		900	27,4	2,7	49,25	4,8	15,55	1,1
Ultrapac LA + 0,16 % C	1,2	600	23,0	3,7	42,7	5,6	21,11	3,5
		700	17,6	3,7	35,0	5,6	12,4	3,5
		800	23,1	5,2	51,4	7,2	24,0	4,6
		850	15,5	4,6	25,2	6,1	11,0	3,8
		900	16,2	4,8	28,5	7,5	13,2	5,0
	1,9	600	25,0	3,3	41,0	4,6	17,9	3,2
		700	32,4	5,9	53,0	9,6	21,2	3,9
		800	22,7	7,0	39,0	12,3	17,4	5,6
		850	15,0	3,4	27,4	4,49	10,4	2,3
		900	15,0	7,8	24,7	13,1	7,4	3,4

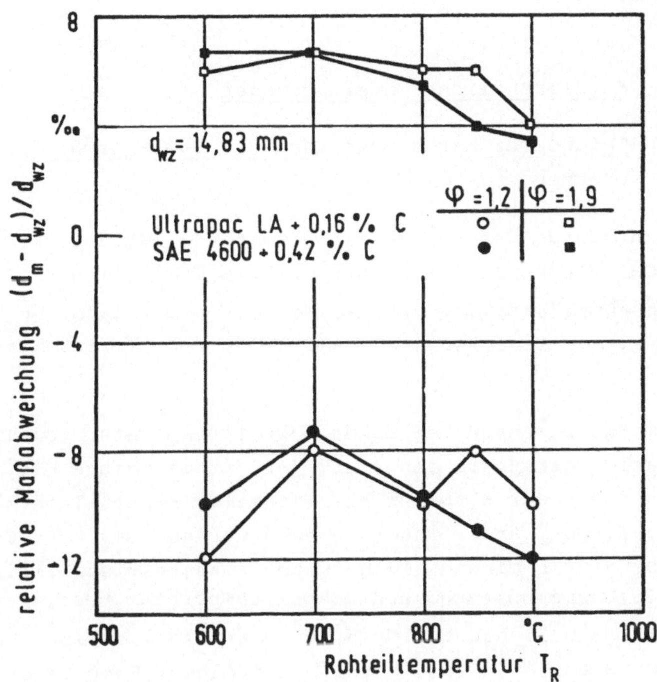

Bild 55: Einfluß der Rohteiltemperatur auf die relativen Maßabweichungen des Schaftdurchmessers der Fließpreßteile.

beim Abkühlen dominiert, so daß negative relative Maßabweichungen auftreten. Aufgrund der Abnahme der Fließspannung mit
steigender Rohteiltemperatur nimmt auch die Aufweitung der
Matrize mit steigender Rohteiltemperatur ab, was auch die Maßabweichungen bei höheren Rohteiltemperaturen beeinflußt. Die
ermittelten Maßabweichungen entsprechen den ISO-Toleranzen IT 9
bis IT 12.

4.3   Metallkundliche Untersuchungen

4.3.1   Gefüge der Werkstücke nach dem Voll-Vorwärts-Fließ-
         pressen

Untersucht wurde das Gefüge der Werkstoffe WPL 200, WPL 200
+ 1 % MCM, Ultrapac LA + 0,16 % C und SAE 4600 + 0,42 % C im
fließgepreßten Zustand. Die Gefügeaufnahmen (Bilder 56 bis 60)
entstammen der Mittelschnittebene des stationären Schaftberei-
ches.

Nach dem Fließpressen bei einer Rohteiltemperatur von T_R = 600 °C
weisen alle Werkstoffe ein stark verformtes Gefüge mit ausge-
sprochen faseriger Struktur auf. Einzelne Kristallite können
nicht mehr voneinander unterschieden werden. Bei 700 °C Rohteiltemperatur beginnen die Werkstoffe zu rekristallisieren.
Werkstoffzusammensetzung und Rohteiltemperatur bestimmen
dabei im wesentlichen den Grad der Rekristallisation. Während
das reine Eisen, WPL 200, bereits bei dieser Temperatur vollständig rekristallisiert (vgl. Bild 56), weisen die übri-
gen Werkstoffe (Bilder 57 bis 59) noch Bereiche mit mehr
oder weniger starker Verformung auf. Neben der primären Rekristallisation tritt hierbei auch bereits sekundäre Rekristallisation auf. Mit zunehmender Rohteiltemperatur und somit
schneller voranschreitender Rekristallisation nimmt die Zeiligkeit des Gefüges mehr und mehr ab. Der rein ferritische Werkstoff WPL 200 (vgl. Bild 56) zeigt eine mit steigender Rohteiltemperatur zunehmende Kornvergröberung. Beim Umformen
im Bereich der α- γ -Umwandlung tritt jedoch eine beträchtliche Kornfeinung ein. Ein nicht ganz so ausgeprägter Effekt
tritt auch beim MCM-legierten WPL 200 auf, wo bei Rohteil-

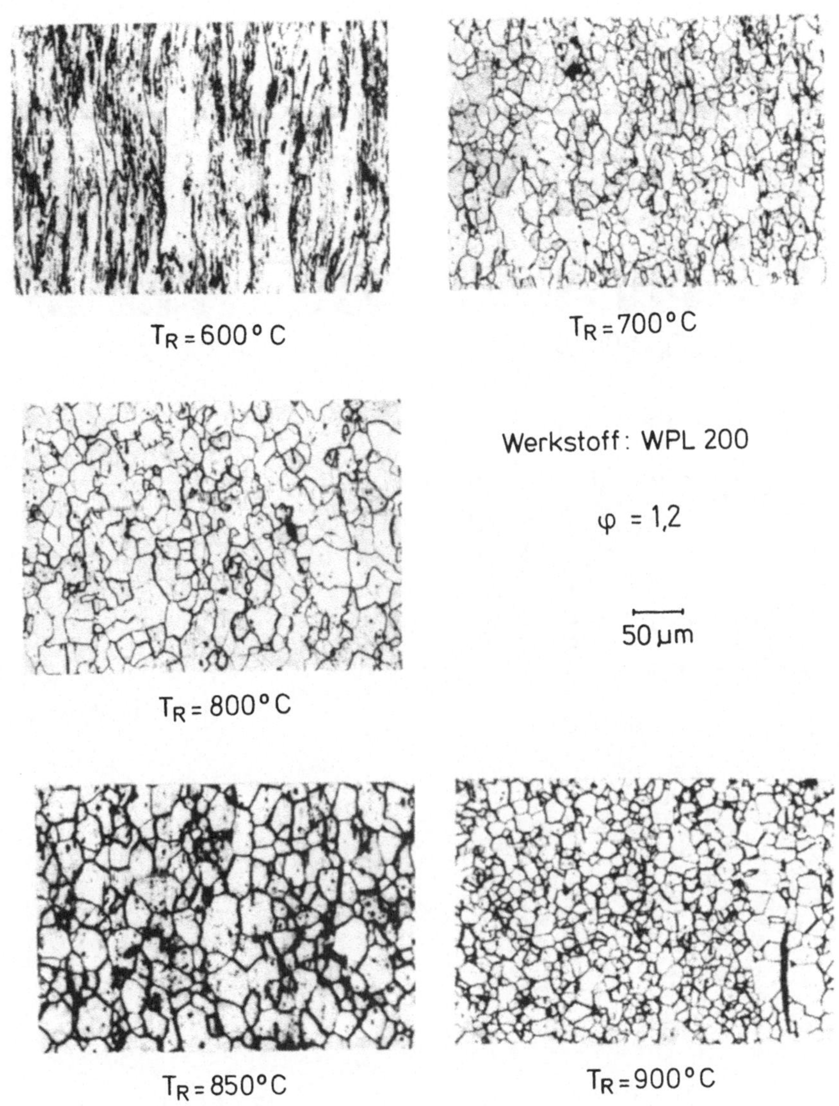

Bild 56: Gefüge voll-vorwärts-fließgepreßter Sintermetalle.

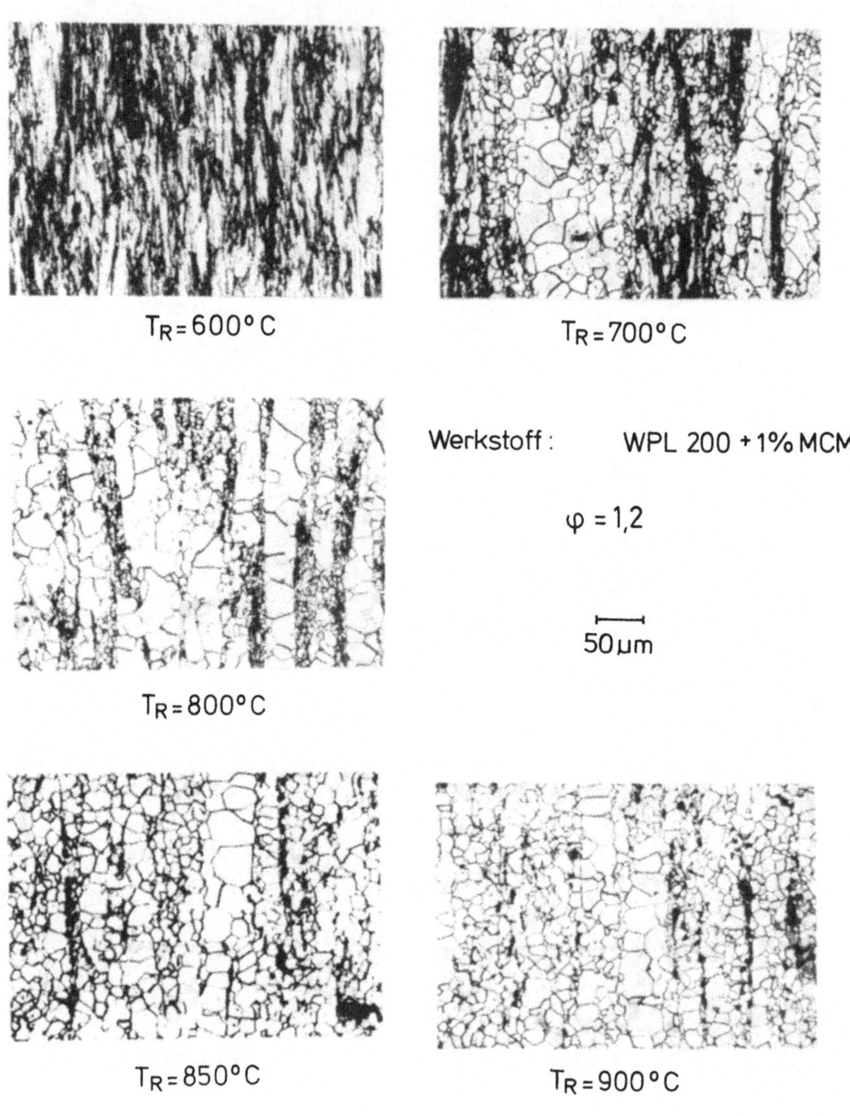

Bild 57: Gefüge voll-vorwärts-fließgepreßter Sintermetalle.

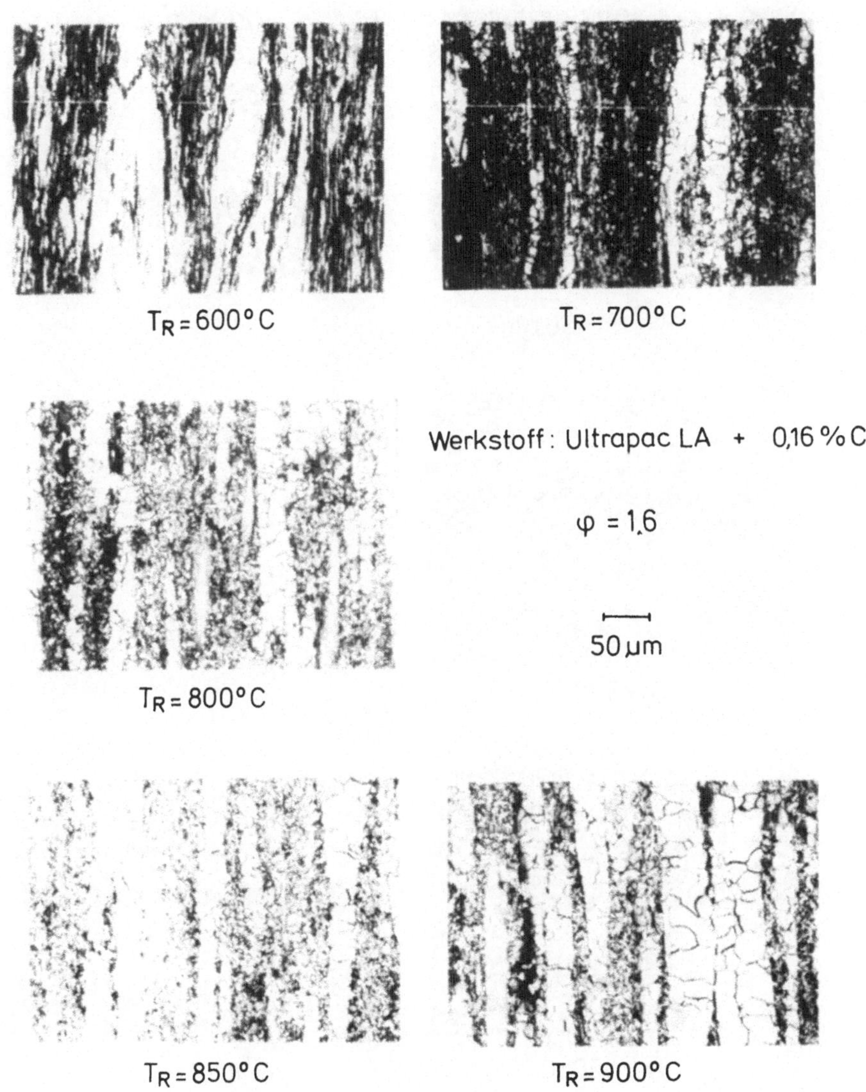

Bild 58: Gefüge voll-vorwärts-fließgepreßter Sintermetalle.

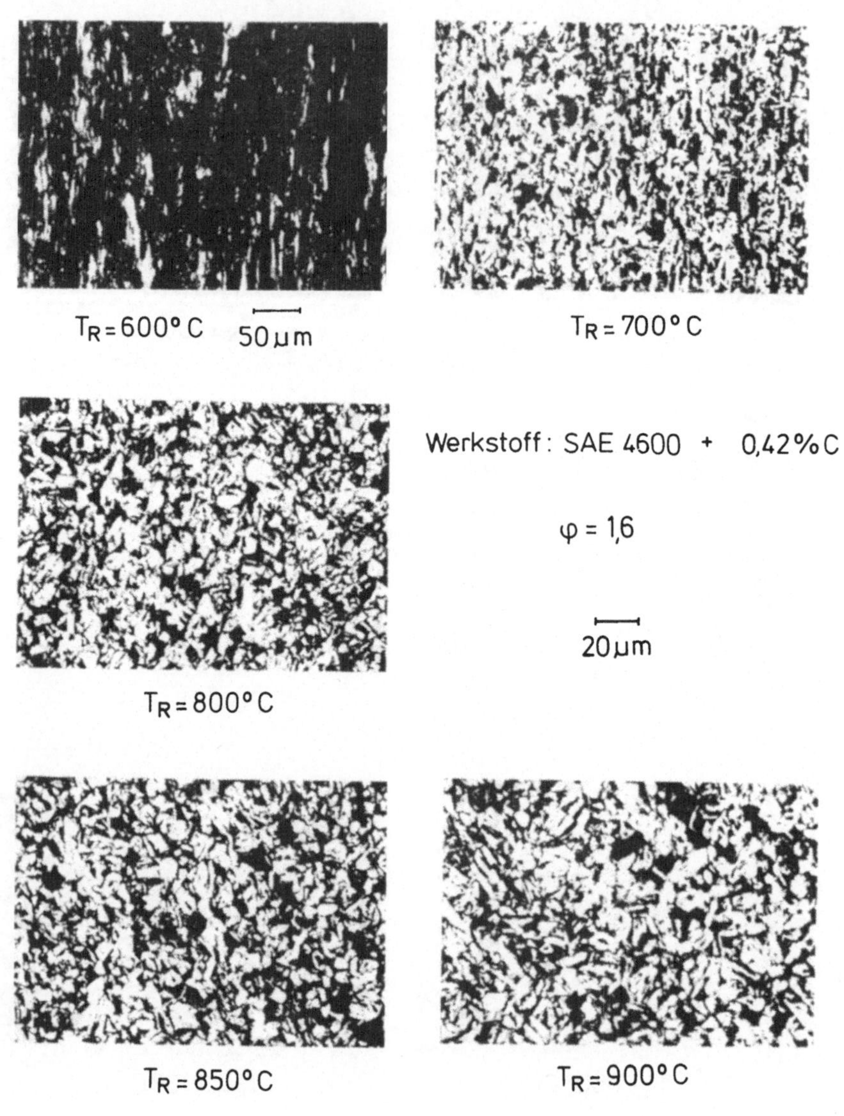

Bild 59: Gefüge voll-vorwärts-fließgepreßter Sintermetalle.

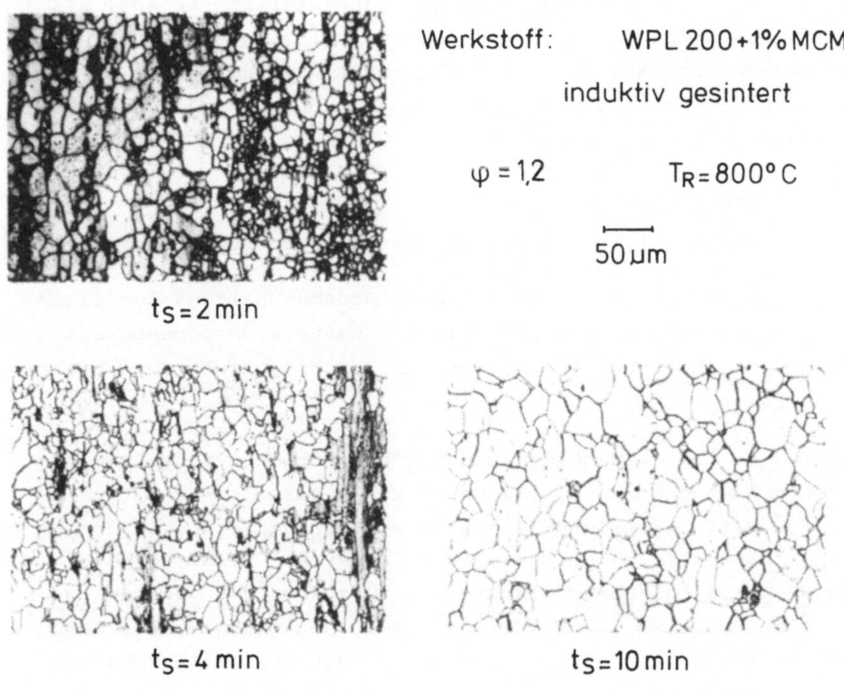

Bild 60: Einfluß der Sinterzeit auf das Gefüge fließgepreßter Sinterteile.

temperaturen von 850 °C und 900 °C ein feineres Korn vorliegt
als bei 800 °C.

Das Gefüge der Werkstoffe WPL 200 + 1 % MCM, Ultrapac LA + 0,16 % C
und SAE 4600 + 0,42 % C besteht zu unterschiedlich großen Anteilen aus Ferrit und Perlit. Dabei ist das Gefüge des SAE 4600
+ 0,42 % C bei den höheren Rohteiltemperaturen besonders fein
und homogen.

Die induktiv gesinterten und bei 800 °C Rohteiltemperatur umgeformten Werkstoffe weisen eine geringere Zeiligkeit auf, als
entsprechend konventionell umgeformte. Dies ist am Beispiel
des Werkstoffes WPL 200 + 1 % MCM in Bild 60 dargestellt.
Die in Abschnitt 4.3.4 beschriebenen Texturuntersuchungen be-
stätigen diesen Sachverhalt.

4.3.2   <u>Rasterelektronenmikroskopische Untersuchungen</u>

Zur Beurteilung des mikroskopischen Bruchverhaltens der fließgepreßten Sinterteile wurden mit dem Rasterelektronenmikros-
kop die Bruchflächen von Zug- und Kerbschlagbiegeproben untersucht.

Die in den Zugversuchen gefundenen hohen Brucheinschnürungs-
und Bruchdehnungswerte, die das duktile Verhalten der fließgepreßten Sinterwerkstoffe charakterisieren, werden durch die
REM-Aufnahmen in ihrem Aussagewert ergänzt. Die Bilder 61
und 62 zeigen die Bruchflächen von Zugstäben aus den Werkstoffen WPL 200 und WPL 200 + 1 % MCM. Die wabenförmige Struktur der Bruchflächen kennzeichnet die duktilen Eigenschaften
der Fließpreßteile. Die im Zugversuch entstandenen Poren be-
inhalten vereinzelt Einschlüsse, bei denen es sich wahrscheinlich um Oxide handelt. Darüber hinaus sind an den freien
Porenoberflächen,teilweise durch Bildung von Gleitstufen,
Oberflächenaufrauhungen zu beobachten, die darauf hindeuten,
daß noch während der Porenbildung erhebliche plastische Formänderungen aufgenommen werden können. Ähnliches gilt für die
Werkstoffe Ultrapac LA + 0,16 % C und SAE 4600 + 0,42 % C.

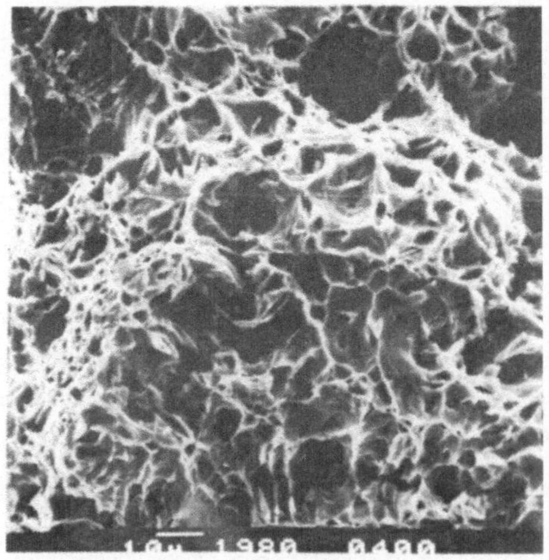

Bild 61: REM-Aufnahme der Bruchfläche eines Zugstabes des
fließgepreßten Sinterwerkstoffes WPL 200.

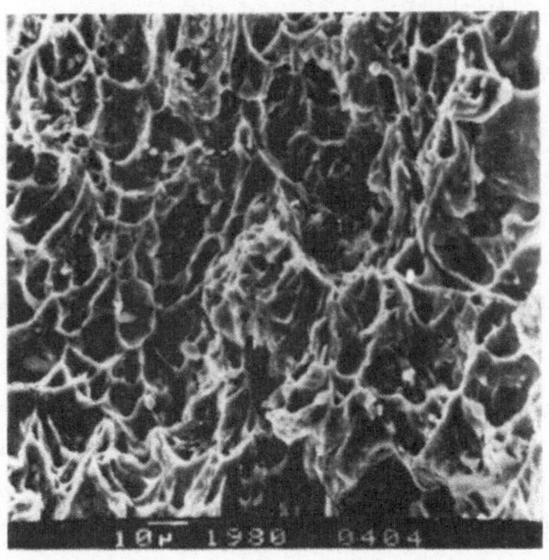

Bild 62: REM-Aufnahme der Bruchfläche eines Zugstabes des
fließgepreßten Sinterwerkstoffes WPL 200 + 1 % MCM.

Wie bei den Kerbschlagbiegeversuchen festgestellt wurde, weisen die ungegetterten und fließgepreßten WPL 200-Pulver im Vergleich zu den gegetterten Teilen erheblich schlechtere Schlagarbeiten auf. Während die gegetterten Teile ein sowohl makroskopisch als auch mikroskopisch duktiles Bruchbild aufweisen, zeigen die entsprechenden Bilder der ungegetterten Teile charakteristische Merkmale eines Sprödbruches auf. Weiterhin konnten an den Probenrändern keine nennenswerten plastischen Formänderungen festgestellt werden. Dieses spröde Bruchverhalten im Kerbschlagbiegeversuch spiegelt sich insbesondere im mikroskopischen Bruchbild wieder. Bild 63 zeigt eine REM-Aufnahme der Bruchfläche einer DVM-Kerbschlagprobe. Es handelt sich um einen interkristallinen Bruch mit geringem Spaltflächenanteil. An den Korngrenzen sind zahlreiche Poren zu beobachten, die durch Korngrenzeneinschlüsse verursacht werden. Ähnlich geartet ist Bild 64, das die Bruchfläche einer induktiv gesinterten und fließgepreßten Probe zeigt. Der interkristalline Bruch tritt hier noch deutlicher zum Vorschein. Die zugehörigen Kerbschlagarbeiten sind erwartungsgemäß niedriger (vgl. Bild 21 und 29).

Alle anderen Werkstoffe zeigen ausnahmslos und unabhängig vom Sinterverfahren auch im Kerbschlagbiegeversuch ein duktiles Bruchverhalten. Bild 65 zeigt dies am Beispiel des Werkstoffes SAE 4600 + 0,42 % C.

4.3.3 Sauerstoff- und Stickstoffgehalte der fließgepreßten Werkstücke

Obwohl bei porösen Sintermetallen der Einfluß der Porosität auf die mechanischen Eigenschaften gegenüber dem von Sauerstoffeinschlüssen dominiert [84], muß dem Sauerstoffgehalt erhebliche Aufmerksamkeit geschenkt werden, da er z. B. bei hochverdichteten Sinterschmiedeteilen einen beträchtlichen Einfluß auf die mechanischen Eigenschaften ausübt [85]. Eine wichtige Rolle spielt in diesem Zusammenhang der in freier Form zugegebene Kohlenstoff [85, 70].

Über den Einfluß des Stickstoffgehaltes auf die mechanischen

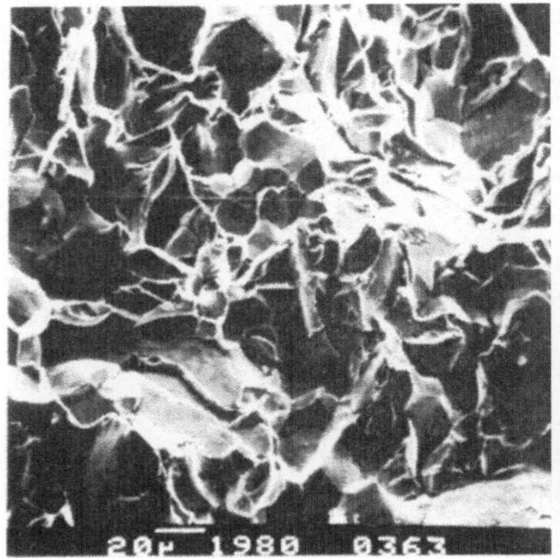 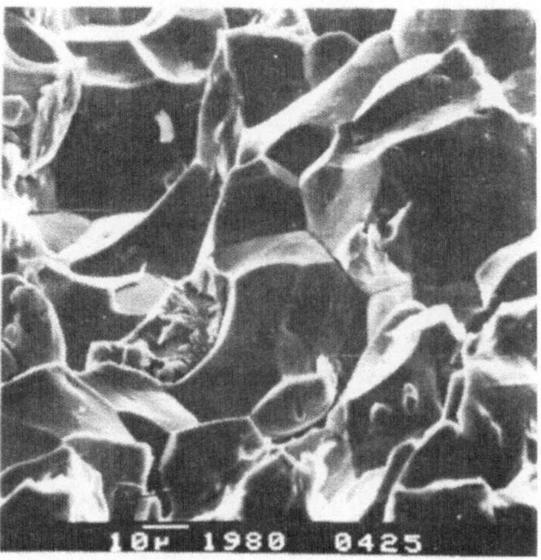

Bild 63:   Interkristalliner
Sprödbruch an einer Kerbschlagbiegeprobe eines konventionell
gesinterten (nicht gegettert)
und fließgepreßten (T_R=800°C,
φ = 1,2) WPL 200.

Bild 64:   Interkristalliner
Sprödbruch an einer Kerbschlagbiegeprobe eines induktiv in H_2
gesinterten (t_s = 4 min) und
fließgepreßten (T_R=800°C,
φ = 1,2) WPL 200.

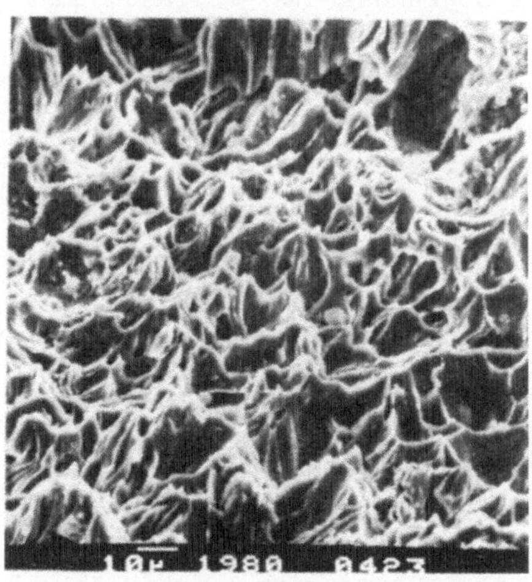

Bild 65:   Bruchfläche einer Kerbschlagbiegeprobe eines induktiv in H_2 gesinterten (t_s = 4 min) und fließgepreßten
(T_R = 800 °C, φ = 1,2) SAE 4600 + 0,42 % C.

Eigenschaften erschmolzener Stähle liegen zahlreiche Untersuchungen vor. Dagegen ist über die Auswirkungen von Stickstoff auf die mechanischen Eigenschaften von Sintermetallen nur wenig bekannt. In [16] wird der Einfluß des Stickstoffgehaltes auf die mechanischen Eigenschaften von kaltumgeformtem Sintereisen untersucht. Es zeigt sich, daß der Stickstoff eine beträchtliche Festigkeitssteigerung bei kaltumgeformtem Sintereisen bewirkt, wobei die Zähigkeitskennwerte jedoch abfallen.

Um die möglichen Auswirkungen des Sauerstoff- und Stickstoffgehaltens auf die mechanischen Eigenschaften der halbwarmfließgepreßten Sinterteile zu erfassen, wurden an einer Reihe von Fließpreßteilen entsprechende Analysen vorgenommen, siehe Tabelle 9.

Obwohl beim Werkstoff WPL 200 im gegetterten und fließgepreßten Zustand mehr Sauerstoff festgestellt wurde als bei den ungegetterten Teilen, sind die erzielten Kerbschlagarbeiten (vgl. Bild 24) hier weit höher als die des ungegetterten Pulvers. Die Ursache für das relativ schlechte Abschneiden der ungegetterten Teile liegt im mehr als doppelt so hohen Stickstoffgehalt begründet. In Verbindung mit der unmittelbar nach dem Fließpreßvorgang - aufgrund der hohen Temperatur der Teile - beginnenden künstlichen Alterung, führt dies zu niedrigeren Kerbschlagarbeiten. Eine solche künstliche Alterung ist hier insofern gegeben, als durch die Umformtemperaturen von 600 °C bis 900 °C die Diffusionsgeschwindigkeit der Kohlenstoff- insbesondere aber der Stickstoffatome so groß ist, daß die Bildung von Cottrell-Wolken bereits wenige Sekunden nach dem Fließpreßvorgang erfolgt sein muß. Dies ist sofort ersichtlich, wenn man berücksichtigt, daß der Diffusionskoeffizient für C in α-Eisen bei 600 °C um einen Faktor 10^4 größer ist als bei 200 °C und daß die Alterungszeiten bei 200 °C in der Größenordnung von einer Stunde liegen. Ein analoges Ergebnis wurde auch in [86] an sauerstoffreichem erschmolzenem Eisen gefunden, nämlich ein erheblicher Abfall der Kerbschlagzähigkeit künstlich gealterter Reineisenproben mit steigendem (C + N) -Gehalt im Bereich 0,005 % $\leq$ (C + N) $\leq$ 0,022 %. Gleichzeitig treten in diesem Bereich große Schwankungen der Meß-

Tabelle 9: Sauerstoff- und Stickstoffgehalte verschiedener Werkstoffe nach dem Fließpressen und im Ausgangszustand (T_R = 800 °C, φ = 1,2).

Werkstoff	S	t_s in min	A	0 in %	N in %
WPL 200	K nicht gegettert	30	M	0,075	0,014
	K	30	M	0,115	0,005
	I	4	H_2	0,135	0,004
	I	4	N_2	0,170	0,019
WPL 200	K	30	M	0,085	0,015
+ 1 % MCM	I	4	H_2	0,033	x
Ultrapac LA	K	30	M	0,051	0,020
+ 0,16 % C	I	4	H_2	0,032	x
SAE 4600	K	30	M	0,018	0,023
+ 0,42 % C	I	2	H	0,029	0,007
	I	4	H_2	0,022	0,005
	I	10	H_2	0,022	0,006
	I	4	N_2	0,027	0,013
WPL 200	im Ausgangszustand			0,235	0,004
UltrapacLA+0,16%C	"			0,220	0,005
SAE4600+0,42%C	"			0,190	0,001

X: nicht ermittelt

werte auf, wie sie auch beim ungegetterten WPL 200 (Bild 21)
beobachtet werden.

Aus der Tabelle 9 ist weiterhin ersichtlich, daß mit steigendem Kohlenstoffgehalt der Sauerstoffgehalt der Fließpreßteile
abnimmt. Die induktiv in Wasserstoff gesinterten Vorformen
weisen im fließgepreßten Zustand teils höhere teils niedrigere
Sauerstoffanteile auf, als entsprechend konventionell gesinterte. Dagegen ist der Stickstoffgehalt dieser Teile erheblich
niedriger als der konventionell gesinterter Teile. Die gemessenen Kerbschlagarbeiten liegen jedoch bei den induktiv gesinterten Werkstoffen im allgemeinen niedriger, wobei der Werkstoff
WPL 200 + 1 % MCM eine Ausnahme bildet. Offenbar überwiegt
bei entsprechendem Kohlenstoffgehalt wieder der Einfluß des
Sauerstoffes. Der rückläufige Einfluß des Stickstoffgehaltes
in diesem Fall wird auch dadurch bestätigt, daß die Fließkurven der Werkstoffe mit höherem Kohlenstoffgehalt keine Streckgrenzeneffekte aufweisen.

Wie das Beispiel des SAE 4600 + 0,42 % C zeigt, ist bereits
nach 4 min induktivem Sintern ein Sauerstoffgehalt erreicht,
der durch längeres Sintern nicht weiter erniedrigt wird. Schon
nach 2 min induktivem Sintern beträgt der Sauerstoffgehalt
nur noch etwa 15 % des ursprünglichen Gehaltes. Der Stickstoffgehalt bleibt dabei unverändert.

Beim induktiven Sintern in Stickstoff liegen sowohl höhere
Sauerstoff- als auch höhere Stickstoffgehalte vor. Hierbei ergibt sich lediglich für das Reineisen eine nennenswerte Festigkeitssteigerung aufgrund des erhöhten Stickstoffgehaltes
(Bild 18). Bei den anderen Werkstoffen liegt der Kohlenstoffgehalt um eine Größenordnung über dem Stickstoffgehalt, so daß
der Einfluß des letzteren auf die Festigkeit vernachlässigbar
ist. Dagegen werden die Schlagarbeiten in allen Fällen merk-
lich verschlechtert (Bild 29).

Zusammenfassend wird festgestellt, daß die mechanischen Eigenschaften von reinem, halbwarmfließgepreßtem Eisen stark vom
Stickstoffgehalt beeinflußt werden. Demgegemüber ist der Einfluß des Stickstoffgehaltes bei kohlenstoffhaltigen, halbwarm-

fließgepreßten Pulvern hinsichtlich einer evtl. Festigkeitssteigerung im Gegensatz zu kaltfließgepreßten Sinterteilen
gering. Auf die Reduktion vorhandener Oxide hat der in freier
Form zugegebene Kohlenstoff einen maßgeblichen Einfluß.

4.3.4   Textur der fließgepreßten Werkstücke

Metalle weisen bei den meisten physikalischen Eigenschaften
eine Richtungsabhängigkeit auf, so auch bei den mechanischen
Eigenschaften. Insbesondere werden durch bestimmte Umform-
vorgänge und durch Rekristallisation bevorzugte Kristall-
orientierungen geschaffen, die zu unterschiedlichen mechanischen Eigenschaften in den einzelnen Richtungen führen. Bei
kubisch raumzentrierten Metallen, wie dem Eisen und einigen
seiner Legierungen, treten z. B. beim Ziehen von Drähten stets
Fasertexturen auf mit der Würfeldiagonalen, der <110>-Richtung,
als Vorzugsrichtung [87]. Daneben können auch andere Richtungen auftreten, deren Intensität maßgeblich von den Umformbe-
dingungen und von der Lage im umgeformten Werkstück abhängt.
So treten beim Halbwarmstrangpressen von Kohlenstoffstählen
[25] neben der <110>-Richtung Anteile von <411>, <321> und
<420>-Richtungen auf, deren Intensitäten jedoch eine Größen-
ordnung unter der der <110>-Richtung liegen. Mit fallender
Rohteiltemperatur und steigendem Umformgrad nimmt dabei der
Anteil der <110>-Richtung zu.

Die zunächst regellose Orientierung der Metallpulverkörner
bei Sinterwerkstoffen wird durch den Verdichtungsvorgang teilweise aufgehoben. Die dabei entstehende Orientierung wird
jedoch durch den Sintervorgang wieder beseitigt, wie anhand
eigener Untersuchungen festgestellt wurde. Nach dem Voll-Vorwärts-Fließpressen liegt dagegen wieder eine deutliche Vor-
zugsorientierung in <110>-Richtung vor. Die Bilder 66 und
67 zeigen die mittels Kobald K_α-Strahlung an einer konventionell bzw. induktiv gesinterten und fließgepreßten Probe
aufgenommenen Polfiguren. Die Faserachse ist mit der Proben-
längsachse identisch. Die induktiv gesinterte Probe weist
schwächere Reflexe auf, als die konventionell gesinterte. Dies
stimmt überein mit der in Abschnitt 4.3.1 gemachten Beobach-

Werkstoff: WPL 200 + 1 % MCM

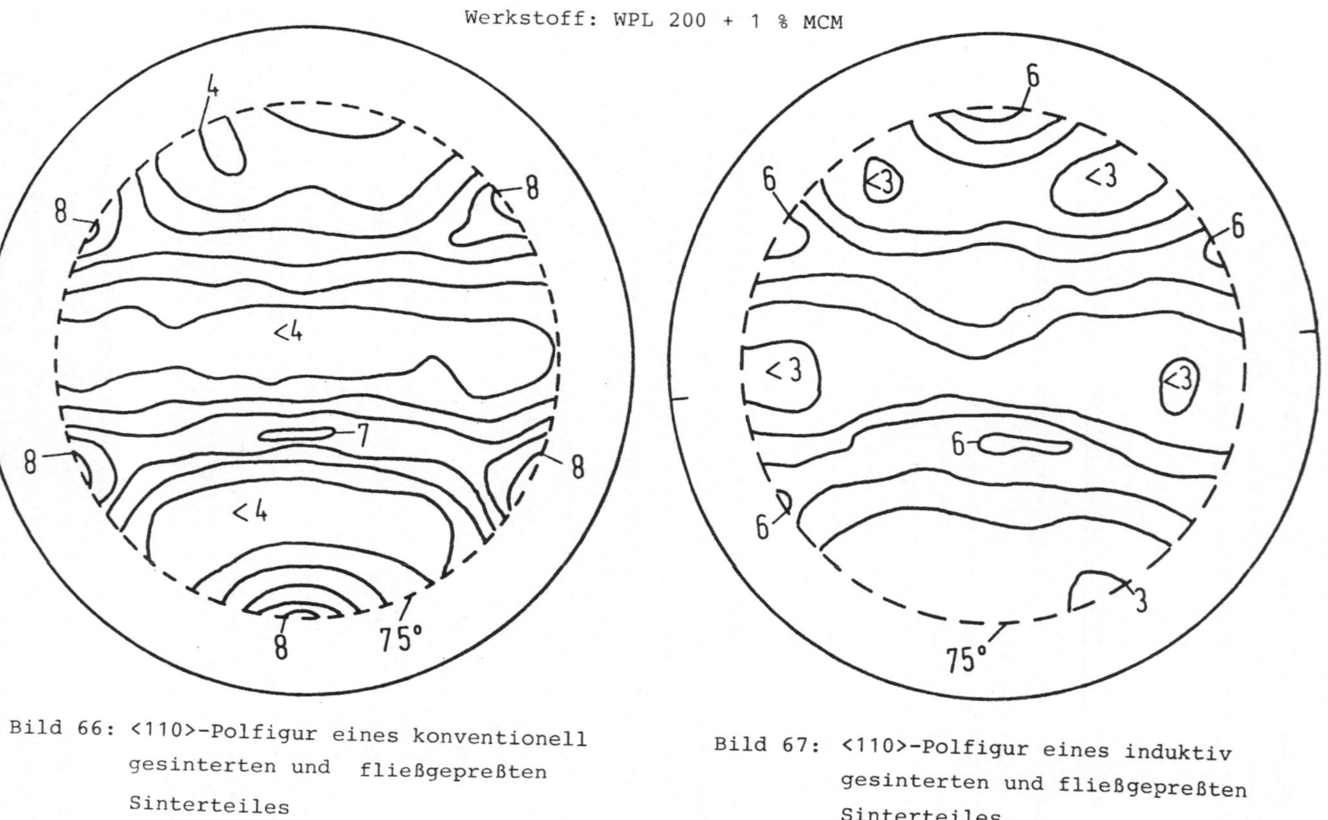

Bild 66: <110>-Polfigur eines konventionell
gesinterten und fließgepreßten
Sinterteiles

Bild 67: <110>-Polfigur eines induktiv
gesinterten und fließgepreßten
Sinterteiles

tung, wo die Gefügezeiligkeit der induktiv gesinterten Fließpreßteile schwächer ausgeprägt ist, als die der konventionell gesinterten Teile, was mit den schwächeren <110>-Reflexen des induktiv gesinterten Teiles übereinstimmt.

5   Umformkräfte

Der Kraftbedarf beim Voll-Vorwärts-Fließpressen im Temperaturbereich zwischen 600 °C und 900 °C wurde für die Werkstoffe
WPL 200, WPL 200 + 1 % MCM, Ultrapac LA + 0,16 % C und SAE 4600
+ 0,42 % C ermittelt. Es standen somit vier Werkstoffe mit
verschiedenen Kohlenstoffgehalten und Legierungselementen zur
Verfügung, so daß die erforderlichen Umformkräfte einen größeren Bereich abdeckten.

5.1   Experimentelle Ermittlung des Kraftbedarfs

5.1.1   Meß- und Registriereinrichtungen

Zur Ermittlung der Stempelkraft während des Fließpreßvorganges
diente ein vorspannungsfrei eingebauter Kraftmeßkörper, der mit
Dehnmeßstreifen versehen war, die zu einer Halbbrückenanord-
nung geschaltet waren. Der Stempelweg wurde mit einem induktiven
Weggeber erfaßt (Fabrikat: Hottinger, Typ: W 50). Die Meßsigna-
le wurden durch einen Trägerfrequenzmeßverstärker (Fabrikat:
Hottinger, Typ: KWS/II-5) verstärkt und mittels eines Licht-
strahloszillographen (Fabrikat: Honeywell, Typ: Visicorder
906 S) in Abhängigkeit von der Zeit aufgezeichnet.

5.1.2   Ergebnisse

Der Kraft-Weg-Verlauf beim Voll-Vorwärts-Fließpressen bei Raumtemperatur sowie bei erhöhten Temperaturen ist gekennzeichnet
durch einen steilen Anstieg der Stempelkraft zu Beginn des
Vorgangs, wobei ein ausgeprägtes Kraftmaximum auftritt. Dieses
Maximum wird erreicht, wenn das Rohteil die Matrizenschulter
voll ausgefüllt hat. Danach folgt ein Abfall der Kraft aufgrund
der Reibflächenverminderung im Aufnehmer der Matrize. Bedingt
durch die hier vorliegende spezielle Rohteilgeometrie, die in
ihrer Form der Innenkontur der Matrize entspricht, wird nur
eine schwach ausgeprägte Kraftspitze beobachtet.

In den Bildern 68 bis 71 ist jeweils der Verlauf der größten
Stempelkraft gegen die Rohteiltemperatur aufgetragen. Die größte

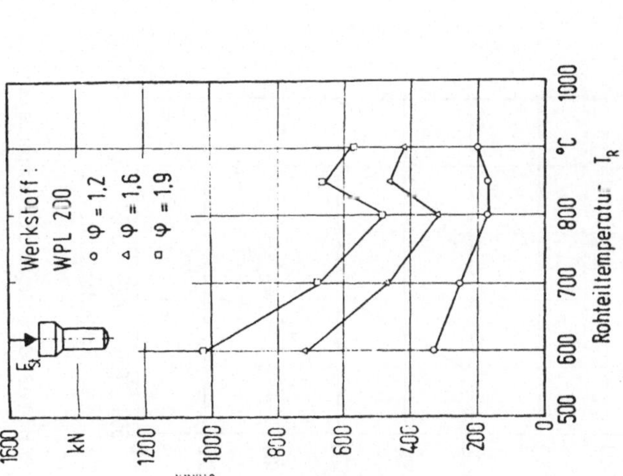

Bild 69: Einfluß der Rohteiltemperatur auf die größte Stempelkraft beim VVFP.

Bild 68: Einfluß der Rohteiltemperatur auf die größte Stempelkraft beim VVFP.

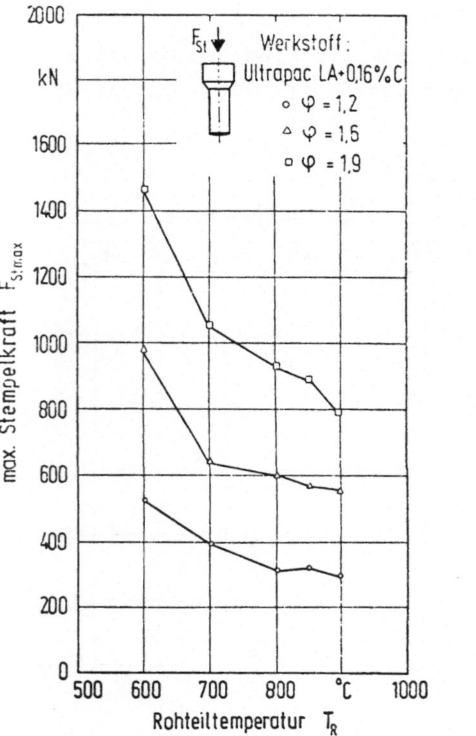

Bild 70: Einfluß der Rohteiltemperatur auf die größte Stempelkraft beim VVFP.

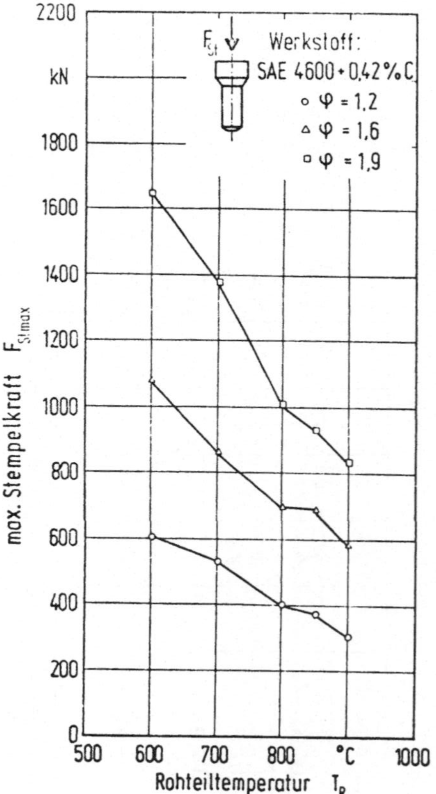

Bild 71: Einfluß der Rohteiltemperatur auf die größte Stempelkraft beim VVFP.

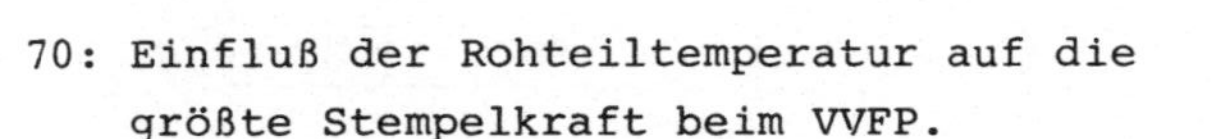

Stempelkraft F_{Stmax} fällt mit steigender Temperatur stark ab, wie dies in diesem Temperaturbereich für Stähle dieser Zusammensetzung bekannt ist. Der Abfall der größten Stempelkraft wird jedoch bei dem Werkstoff WPL 200 durch einen Bereich unterbrochen, in dem die maximale Stempelkraft wieder ansteigt, um dann erneut abzufallen. Dieses Zwischenmaximum ist auf die einsetzende α-γ -Umwandlung zurückzuführen, die, bedingt durch die Erwärmung der Probe während des Fließpreßvorgangs, früher einsetzt. Eine ähnliche Beobachtung wurde in [88] beim Sinterschmieden von Reineisenpulver gemacht. Während dieses Zwischenmaximum im Falle des reinen Eisens deutlich ausgeprägt ist, ist es bei den Werkstoffen mit höheren Kohlenstoffgehalten und Legierungselementen nur andeutungsweise oder überhaupt nicht vorhanden.

5.2 Rechnerische Ermittlung des Kraftbedarfs

Zur Berechnung der Umformkraft ist die Kenntnis der Fließspannung k_f erforderlich. Häufig wird dabei die Fließspannung k_f durch eine mittlere Fließspannung k_{fm} ersetzt, insbesondere dann, wenn der Werkstoff während des Umformvorgangs verfestigt. Dabei wird die mittlere Fließspannung k_{fm} oft durch den arithmetischen Mittelwert aus größter und kleinster Fließspannung gebildet:

$$k_{fm} = \frac{k_{fmax} + k_{fmin}}{2} \tag{16}$$

Für die Belastung der Umformwerkzeuge im untersuchten Temperaturbereich ist aber nicht nur der Umformgrad, sondern auch die Umformtemperatur und die Umformgeschwindigkeit maßgebend. Die Fließspannung ist eine Funktion aller drei Größen:

$$k_f = k_f (T, \varphi , \dot{\varphi}) \tag{17}$$

Während die Umformgeschwindigkeit bei Raumtemperatur so gut wie keinen Einfluß auf die Fließspannung ausübt, nimmt die Fließspannung bei erhöhten Temperaturen mit steigender Umformgeschwindigkeit zu, was auf die zeitabhängigen Entfestigungsvorgänge zurückzuführen ist.

Es ist daher angebracht, bei der Ermittlung der Fließspannung
eine konstante Umformgeschwindigkeit einzuhalten, die den Verhältnissen beim Fließpressen entspricht.

Eine brauchbare Methode zur Aufnahme von Fließkurven bei erhöhten Temperaturen stellt der Warmstauchversuch dar. Hierbei
wird eine zylindrische Probe zwischen ebenen Stauchbahnen von
einer Anfangshöhe h_o auf eine Höhe h_1 gestaucht. Bei schlanken
Proben und günstigen Reibverhältnissen kann der Ausdruck:

$$k_f = \frac{F}{A} \tag{18}$$

zur Berechnung der Fließspannung herangezogen werden. Der
Stauchgrad φ ergibt sich aus den Stauchprobenabmessungen zu:

$$\varphi = \ln (h_1/h_o) \tag{19}$$

Hieraus berechnet sich die Umformgeschwindigkeit $\dot{\varphi}$ zu:

$$\dot{\varphi} = \frac{d\varphi}{dt} = \frac{dh}{dt}\frac{1}{h} = \frac{v_{Wz}}{h} \tag{20}$$

mit h der momentanen Probenhöhe und v_{Wz} der Werkzeuggeschwindigkeit. Die Werkzeuggeschwindigkeit läßt sich bei mechanischen Pressen sowohl durch die Hubzahl als auch durch den Hub
selbst beeinflussen, so daß die Umformgeschwindigkeit regulier-
bar ist. Darüber hinaus läßt sich auch durch Variation der
Probenhöhe die Umformgeschwindigkeit verändern. Aus Gleichung
(20) ist ersichtlich, daß die Forderung nach konstanter Umformgeschwindigkeit bei gleichförmiger Werkzeuggeschwindigkeit
nicht zu erfüllen ist, da die Probenhöhe in diesem Fall konti-
nuierlich abnimmt und somit die Umformgeschwindigkeit perma-
nent zunehmen würde. Die Kinematik der für die Stauchversuche
verwendeten Exzenterpresse gewährleistete jedoch eine in
Näherung zur Abnahme der Probenhöhe proportionale Abnahme der
Werkzeuggeschwindigkeit, so daß im Bereich von φ = 0 bis
φ = 0,85 mit einer konstanten Umformgeschwindigkeit von
$\dot{\varphi}$ = 40 s^{-1} gearbeitet werden konnte.

5.2.1 Warmfließkurven der verdichteten Werkstoffe

5.2.1.1 Versuchseinrichtungen

Die Stauchversuche wurden auf einer Exzenterpresse (Fabrikat:
Schuler, Typ: PED 63/250) mit einer Nennkraft von F_N = 630 kN
ausgeführt. Der Pressenhub dieser Maschine kann zwischen
h = 30 mm und h = 140 mm eingestellt werden. Die Hubzahl läßt
sich zwischen n_k = 70 min^{-1} und n_k = 140 min^{-1} stufenlos
variieren.

Das Werkzeug zur Aufnahme der Warmfließkurven sowie die zugehörigen Meßeinrichtungen sind in [27] beschrieben.

5.2.1.2 Versuchsdurchführung

Die Untersuchungen erfolgten an den Werkstoffen WPL 200,
WPL 200 + 1 % MCM, Ultrapac LA + 0,16 % C und SAE 4600 + 0,42 % C.
Da beim Voll-Vorwärts-Fließpressen der gesinterten Vorformen
vor Beginn des eigentlichen Fließpreßvorgangs eine nahezu vollständige Verdichtung des Werkstoffes eintritt, wurden keine
porösen Stauchproben verwendet. Vielmehr wurden die Stauchproben aus dem Kopfteil angepreßter Fließpreßteile herausgearbeitet, so daß die Dichte der Teile beim Stauchen identisch mit
der der Fließpreßteile war. Die Abmessungen der Proben betrugen: h_o = 16 mm, d_o = 10 mm. Die Versuchstemperaturen lagen bei:
600 °C, 700 °C, 800 °C, 850 °C und 900 °C, entsprechend den
Umformtemperaturen beim Fließpressen. Die Stauchproben erhiel-
ten zunächst eine Graphitschicht, um einerseits die Reibung an
den Stirnflächen der Proben zu vermindern und andererseits die
Verzunderung bei höheren Temperaturen zu vermeiden. Die so be-
schichteten Teile wurden in einem elektrisch beheizten Kammer-
ofen auf die gewünschte Temperatur erwärmt. Der Transport zur
Presse dauerte weniger als 5 s, wodurch die Abkühlung der Teile
auf < 10 °C begrenzt war. Die Presse lief bei einem eingestell-
ten Hub von 140 mm mit der Hubzahl 140 min^{-1}. Die Proben wurden von der Ausgangshöhe h_o = 16 mm auf eine Endhöhe h_1 = 5,5 mm
gestaucht. Dies entspricht einem Stauchgrad von φ = 1,07, wobei

die Umformgeschwindigkeit bei $\dot{\varphi} = 40$ $^{s-1}$ lag.

5.2.1.3 Ergebnisse

Die Bilder 72 bis 75 geben die Fließkurven der untersuchten Werkstoffe für die o. g. Umformtemperaturen wieder. Die Bilder zeigen für alle Werkstoffe einen großen Einfluß der Temperatur sowohl auf den relativen Verlauf der Fließkurven als auch auf die absolute Höhe der Fließspannung. Dieser Einfluß ist im Temperaturbereich zwischen 600 °C und 800 °C besonders ausgeprägt. Nach einem anfänglich steilen Anstieg der Fließspannung erreichen die Kurven ein Maximum, das je nach Werkstoff im Bereich $0,15 \leq \varphi \leq 0,4$ liegt. Das Maximum ist umso ausgeprägter, je niedriger die Umformtemperatur und je höher der Kohlenstoffgehalt ist. Derartige Maxima werden auch in Warmtorsionsversuchen beobachtet und gehen bei Werkstoffen mit niedriger Stapelfehlerenergie auf einen einsetzenden Rekristallisationsschub (dynamische Rekristallisation) zurück [89]. Im vorliegenden Fall ist dieses Maximum jedoch ganz einfach auf die fast adiabatische Erwärmung der Probe während des schnellen Stauchvorgangs zurückzuführen. Da der größte Teil der Umformarbeit in Wärme umgewandelt wird und bereits kleine Temperaturänderungen in diesem Temperaturbereich zu einer merklichen Änderung der Fließspannung führen, ist bei größerer Fließspannung auch die Erwärmung der Probe entsprechend größer, wodurch das Maximum deutlicher zum Vorschein kommt. Bei einem homogenen und adiabaten Stauchvorgang ergibt sich für die mittlere Temperaturerhöhung

$$\Delta T_m = \frac{W}{c \; \rho \; V} \tag{21}$$

Hierin ist W die Umformarbeit, c die spezifische Wärme des Metalls, ρ die Dichte und V das Volumen der Stauchprobe. Die mit Hilfe dieser Gleichung abgeschätzten Temperaturerhöhungen führen zu Fließspannungsabnahmen, die mit den gemessenen Werten gut übereinstimmen.

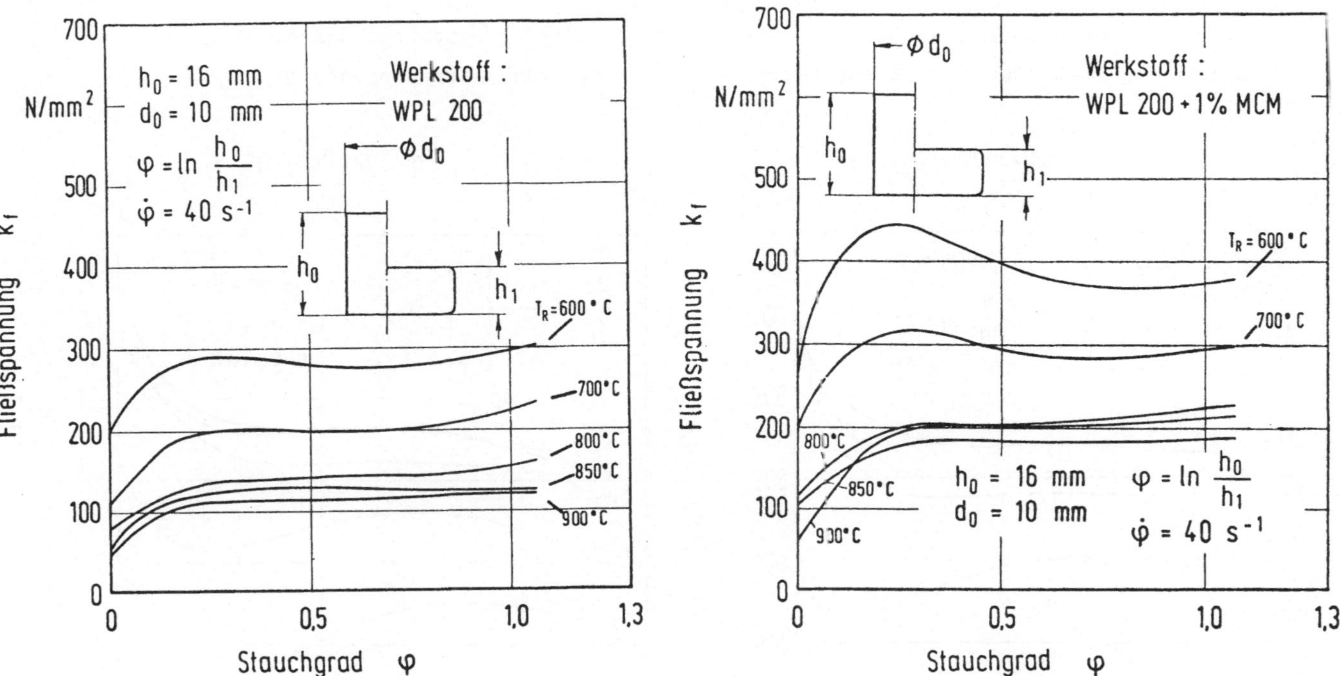

Bild 72: Einfluß der Temperatur auf den Fließkurvenverlauf.

Bild 73: Einfluß der Temperatur auf den Fließkurvenverlauf.

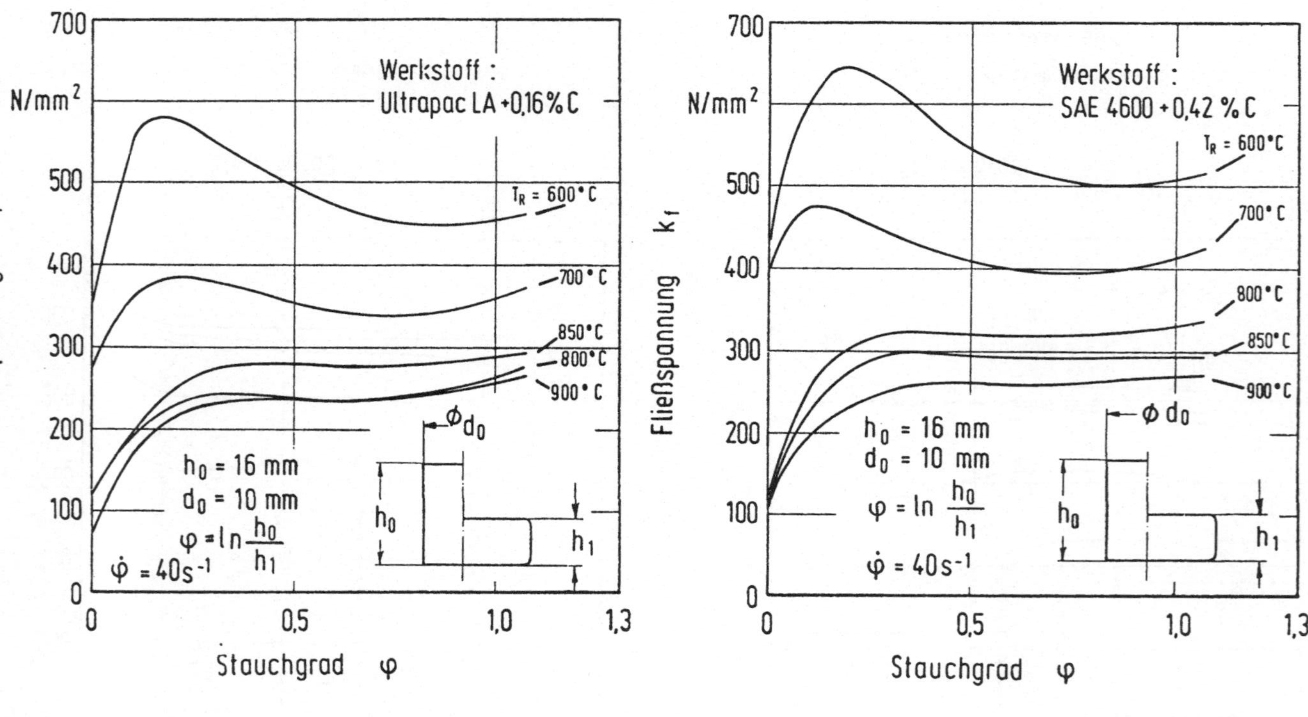

Bild 74: Einfluß der Temperatur auf den
Fließkurvenverlauf.

Bild 75: Einfluß der Temperatur auf den
Fließkurvenverlauf.

5.2.2 Berechnung des Kraftbedarfs

Die in vielen Formeln zur Berechnung der Umformkräfte bei Um-
formvorgängen verwendete mittlere Fließspannung k_{fm} kann im
vorliegenden Fall nicht durch den arithmetischen Mittelwert
aus dem Kleinst-und Größtwert von k_f dargestellt werden, da dies,
bedingt durch die in den Fließkurven auftretenden Maxima und
Minima, zu größeren Abweichungen vom wahren Wert k_{fm} führt.
Zur Berechnung von k_{fm} wurde daher der exakte Integralausdruck
herangezogen:

$$k_{fm} = \frac{1}{\varphi} \int_0^1 k_f (\varphi) \, d\varphi \qquad (22)$$

Da die Funktion $k_f (\varphi)$ nicht in einer einfachen analytischen
Form darstellbar ist, wurde das Integral auf der rechten Seite
der Gleichung (22) durch eine Summenformel approximiert. Die
so berechneten k_{fm}-Werte wurden zur Ermittlung des Kraftbedarfs herangezogen.

Im folgenden soll die Möglichkeit geprüft werden, mit Hilfe von
Berechnungsgrundlagen, die von schmelzmetallurgischen Werkstoffen her bekannt sind, zu einer rechnerischen Bestimmung der
Stempelkraft beim Voll-Vorwärts-Fließpressen gesinterter Vorformen zu gelangen. Hierbei wird von folgenden Überlegungen
ausgegangen:

   I. Der Fließpreßvorgang kann in zwei voneinander unab-
      hängige Stadien aufgeteilt werden:
      a) Verdichten der porösen Vorformen
      b) Fließpressen des verdichteten und damit in-
         kompressiblen Werkstoffes

  II. Die aufgrund der Verdichtung des Werkstoffes im Stadium
      a) bewirkte Erhöhung der Versetzungsdichte wird durch
      dynamische Entfestigungsvorgänge weitgehend abgebaut
      und kann gegenüber der durch die Umformung bewirkten
      Erhöhung der Versetzungsdichte vernachlässigt werden.
      Mit anderen Worten, der Einfluß der Vorformporosität

auf die erforderliche Stempelkraft ist vernachlässigbar.

Die in Punkt I aufgestellte Bedingung, daß der Werkstoff
bereits vor Eintritt in den Schulterbereich der Matrize weitgehend verdichtet ist, wurde schon in früheren Arbeiten [4, 16]
verifiziert und konnte auch durch eigene metallographische Untersuchungen bestätigt werden. Die in Punkt II genannte Voraussetzung ist sicher in guter Näherung erfüllt, da die aufgrund der Verdichtung bewirkte Vergleichsformänderung weit
geringer ist als die durch Umformung bedingte Vergleichsformänderung.

Als erstes wird mit Hilfe der elementaren Plastizitätstheorie
die Gesamtkraft berechnet, die sich aus den Beiträgen: ideelle
Umformkraft F_{id}, Schulterreibung F_{RS}, Wandreibung F_{RW} und
einem Schiebungsanteil F_{Sch} zusammensetzt [59]. Für die Gesamtkraft ergibt sich explizit:

$$F_{ges} = A_o \, k_{fm} \, (2/3 \, \hat{\alpha} + (1 + \frac{2\mu}{\sin 2\alpha}) \, \varphi) + \pi \, d_o \, l \mu k_{fo} \qquad (23)$$

Dabei ist A_o der Ausgangsquerschnitt der Teile, $\hat{\alpha}$ der halbe
Schulteröffnungswinkel im Bogenmaß, μ die Reibzahl, d_o der
Aufnehmerdurchmesser, l die Länge, auf der das Teil den Aufnehmer berührt und k_{fo} die Anfangsfließspannung. Nach [27] ist
die so berechnete Gesamtkraft für den stationären Bereich des
Fließpreßvorgangs in guter Übereinstimmung mit der erforderlichen Größtkraft F_{Stmax}, die den instationären Bereich des
Voll-Vorwärts-Fließpreßvorgangs charakterisiert. Dies gilt auch
in dem hier vorliegenden Fall, da die gesinterten Vorformen
konisch angeformt sind. Die nach Gleichung (23) berechneten
Kräfte sind in den Bildern 76 und 77 zusammen mit den gemessenen Werten eingezeichnet. Die Übereinstimmung der berechneten mit den gemessenen Werten ist im allgemeinen gut. Es ergeben sich lediglich im Bereich der α-γ-Umwandlung etwas größere Abweichungen beim Werkstoff Ultrapac La + 0,16 % C. Diese
sind wahrscheinlich darauf zurückzuführen, daß der durch die
Umformung bedingte Temperaturanstieg die α-γ-Umwandlung
einleitet und somit einen Kraftanstieg verursacht. Gestützt

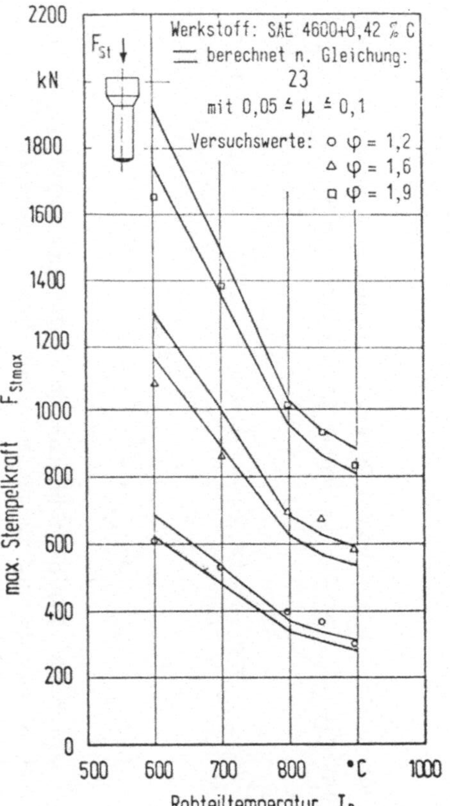

Bild 76: Vergleich zwischen berechneten und gemessenen Kräften

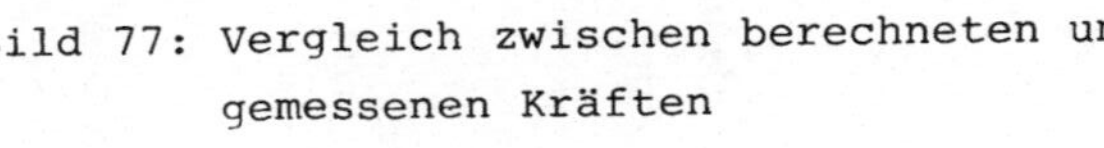

Bild 77: Vergleich zwischen berechneten und gemessenen Kräften

wird diese Annahme durch die Tatsache, daß der Effekt bei größeren Umformgraden, wegen der größeren Temperaturzunahme, deutlicher ist als bei dem Umformgrad $\varphi = 1,2$. Bei dem SAE 4600 + 0,42 % C
tritt statt eines relativen Kraftmaximums ein etwas langsamerer
Abfall der Umformkraft mit der Rohteiltemperatur ein.

Nach einer in [59] angegebenen Formel, die auf Sieber zurück-
geht, läßt sich die größte bezogene Stempelkraft wie folgt berechnen:

$$P_{Stmax} = \sigma_{zm} + (\sigma_{zm} - k_{fo}) \, 4 \, \mu \, \sqrt{1/d_o} \tag{24}$$

mit

$$\sigma_{zm} = k_{fm} \, (\varphi_{max} + \frac{2\widehat{\alpha}}{3}) \, (1 + \frac{\mu}{\overline{\alpha}}) . \tag{25}$$

Die nach Gleichung (24) berechneten maximalen Stempelkräfte
sind in den Bilder 78 und 79 zusammen mit den gemessenen
Werten wiedergegeben. Der Einfluß der Reibung ist hier wesentlich größer als bei Gleichung (23). Dabei ergeben sich
teils beträchtliche Abweichungen von den Meßwerten, die bei
ungünstiger Wahl der Reibzahl noch größer werden. Die Anwendung dieser Gleichung auf das Halbwarmumformen erschmolzener
Metalle bringt auch dort keine befriedigende Übereinstimmung
mit den Meßwerten.

Nach einer von Billigmann und Feldmann [90] angegebenen Beziehung berechnet sich die Stempelkraft zu:

$$F_{St} = A_o \, k_{fm} \, (\varphi + \frac{4\widehat{\alpha}}{3 \sqrt{3}}) \, (1 + \frac{\mu}{\sin\alpha \, \cos\alpha}) \tag{26}$$

Die Bilder 80 und 81 zeigen die Ergebnisse der Rechnung.
Der Einfluß der Reibzahl ist hier weit geringer als der durch
die Gleichung (24) gegebene.

Weitere Lösungsmöglichkeiten sind durch das Verfahren der
"Oberen Schranke" gegeben. Dieses auf der Lösung einer Extremal-
aufgabe basierende Verfahren geht davon aus, daß unter allen

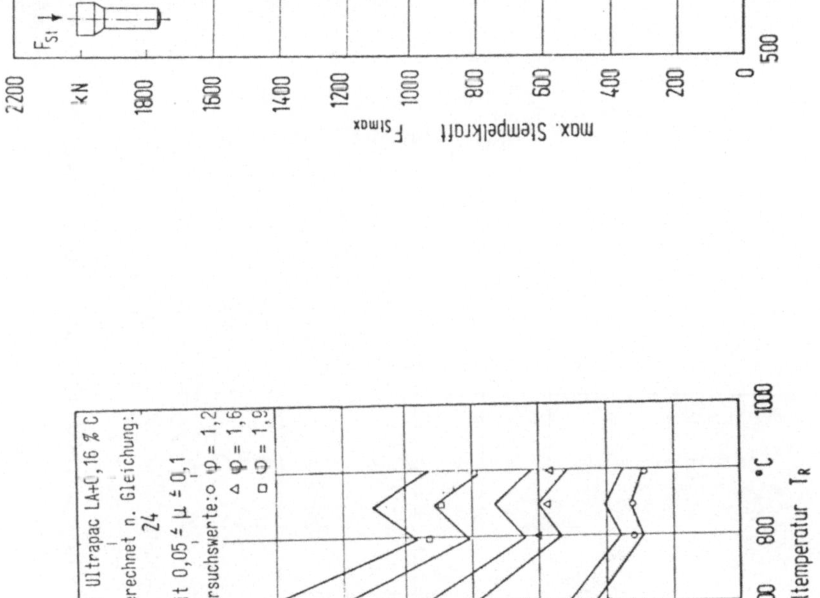

Bild 79: Vergleich zwischen berechneten und gemessenen Kräften.

Bild 78: Vergleich zwischen berechneten und gemessenen Kräften.

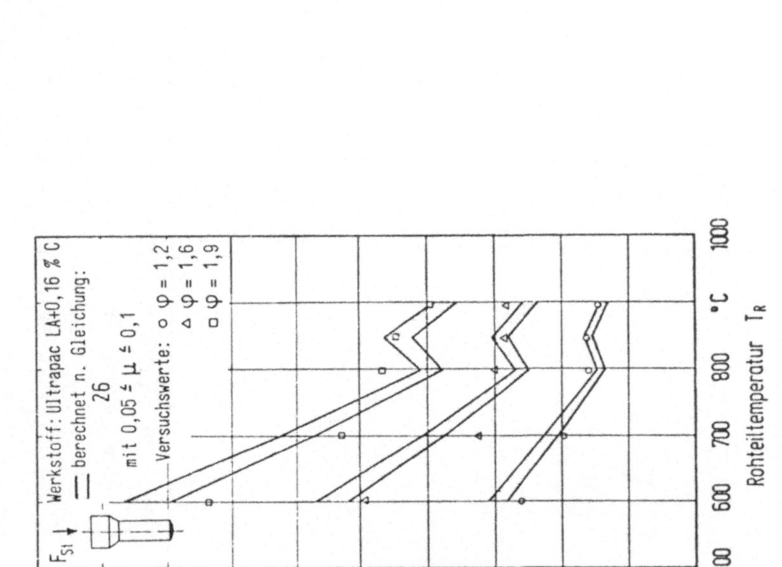

Bild 82: Vergleich zwischen berechneten und gemessenen Kräften.

Bild 80: Vergleich zwischen berechneten und gemessenen Kräften.

kinematisch zulässigen Geschwindigkeitsfeldern dasjenige die
kleinste Umformleistung bewirkt, das den tatsächlichen Verhältnissen am nächsten kommt. Im folgenden wird ein von Avitzur
[91] vorgestellter Ansatz für das Geschwindigkeitsfeld benutzt,
um die beim Voll-Vorwärts-Fließpressen von Pulvervorformen auftretenden Kräfte zu berechnen. Für die erforderliche Umformkraft ergibt sich näherungsweise:

$$F_{St} = A_o k_{fm}\, \varphi + \frac{k_{fm}\, A_o}{\sqrt{3}} \left[1,14 + \mu \left(\varphi + \frac{4l}{d_o} \right) \right] \qquad (27)$$

Die nach dieser Gleichung berechneten bezogenen Stempelkräfte
sind in den Bildern 82 und 83 wiedergegeben. Wie der Vergleich zwischen berechneten und gemessenen Werten zeigt, können
die nach Gleichung (27) errechneten Kurven im strengen Sinne
nicht als obere Schrankenlösung angesehen werden. Die Abweichungen zwischen berechneten und gemessenen Werten sind jedoch
in einer Größenordnung, die Gleichung (27) dennoch zu einer
Abschätzung der erforderlichen Umformkraft geeignet erscheinen
läßt.

Zusammenfassend wird festgestellt, daß mit Hilfe von Ansätzen,
die zur Bestimmung der Umformkraft beim Voll-Vorwärts-Fließpressen erschmolzener Werkstoffe geeignet sind, auch bei porösen Metallen zufriedenstellende Ergebnisse erzielt werden. Die
in den Punkten I und II gemachten Annahmen erfahren hiermit eine
Bestätigung. Größere Abweichungen zwischen berechneten und gemessenen Werten treten, unabhängig von den verwendeten Berechnungsgrundlagen, beim reinen Eisen und beim MCM-legierten Werkstoff im Temperaturbereich zwischen 800 °C und 900 °C auf.

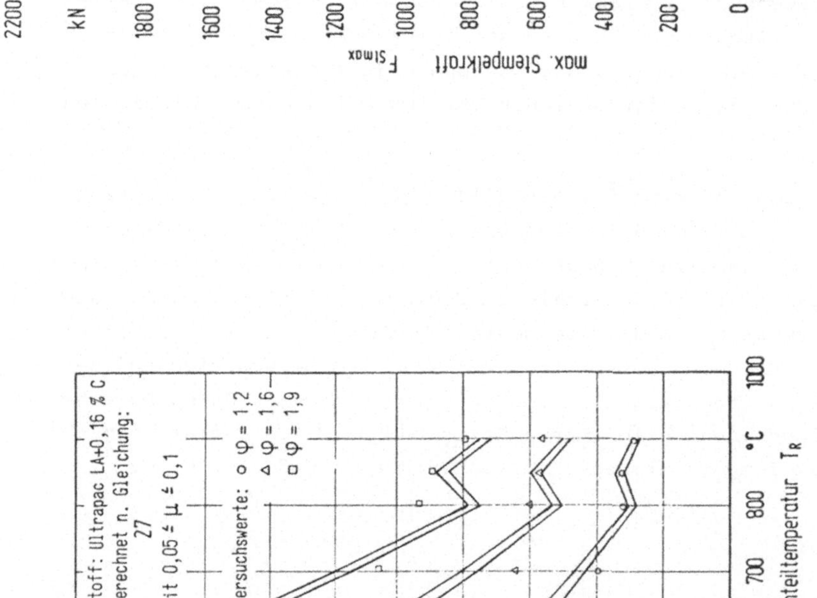

Bild 83: Vergleich zwischen berechneten und gemessenen Kräften.

Bild 82: Vergleich zwischen berechneten und gemessenen Kräften.

6   <u>Bedeutung der Ergebnisse für eine wirtschaftliche
     Nutzung</u>

Die durch Voll-Vorwärts-Fließpressen im Temperaturbereich
zwischen 600 °C und 900 °C bewirkten Verbesserungen der mechanischen Eigenschaften von Sinterteilen ermöglichen einen Wettbewerb mit entsprechend umgeformten schmelzmetallurgischen
Werkstoffen. Komplizierte Formen, wie sie für Sinterformteile
charakteristisch sind, können dabei nicht erzeugt werden, wohl
aber Geometrien, die für Sinterformteile atypisch sind.

In der industriellen Fertigung wurde bis jetzt die Verfahrensfolge Sintern-Halbwarmfließpressen nicht angewendet. Maßgebend für den Einsatz neuer Technologien ist in erster Linie
die Frage, ob damit ein wirtschaftlicher Vorteil verbunden ist.
Die Veränderung traditioneller Fertigungsverfahren, deren Ab-
lösung durch neuere bzw. die Einführung neuer Fertigungsmetho-
den vollzieht sich um so schneller, je größer der durch eine
Veränderung bestehender Randbedingungen ausgeübte Zwang zu
neuen, wirtschaftlicheren Konzeptionen ist. Der mit Beginn der
70er Jahre erfolgte drastische Anstieg der Energie- und Roh-
stoffkosten stellt eine solche Änderung einer Randbedingung
dar. Aufgrund des hohen Energieanteils, der in der Herstellung
metallischer Werkstoffe liegt, werden künftig solche Fertigungsverfahren verstärkt wirtschaftliche Vorteile erzielen,
bei denen die Werkstoffausnutzung unter Berücksichtigung der
erforderlichen Stückzahlen möglichst hoch ist. Eine Anwendung
der Verfahrensfolge Sintern-Halbwarmumformen ist zunächst dort
zu suchen, wo durch Herstellung einer pulvermetallurgischen
Vorform, die der gewünschten Endform sehr nahe kommt, möglichst
viele Arbeitsstufen einer Fertigung eingespart werden können.
Dieser Einsparmöglichkeit an Arbeitsstufen steht jedoch ein
gegenüber vergleichbaren schmelzmetallurgischen Werkstoffen
höherer Pulverpreis entgegen.

Um einen qualitativen Einblick in die Wirtschaftlichkeit dieser
Verfahrensfolge zu erhalten, wurde daher, basierend auf einem
in [92] vorgestellten Berechnungsverfahren,eine Wirtschaftlich-
keitsberechnung durchgeführt. Als Beispiel diente ein einfach
abgesetztes Hohlteil (vgl. Bild 84), das einmal durch kon-

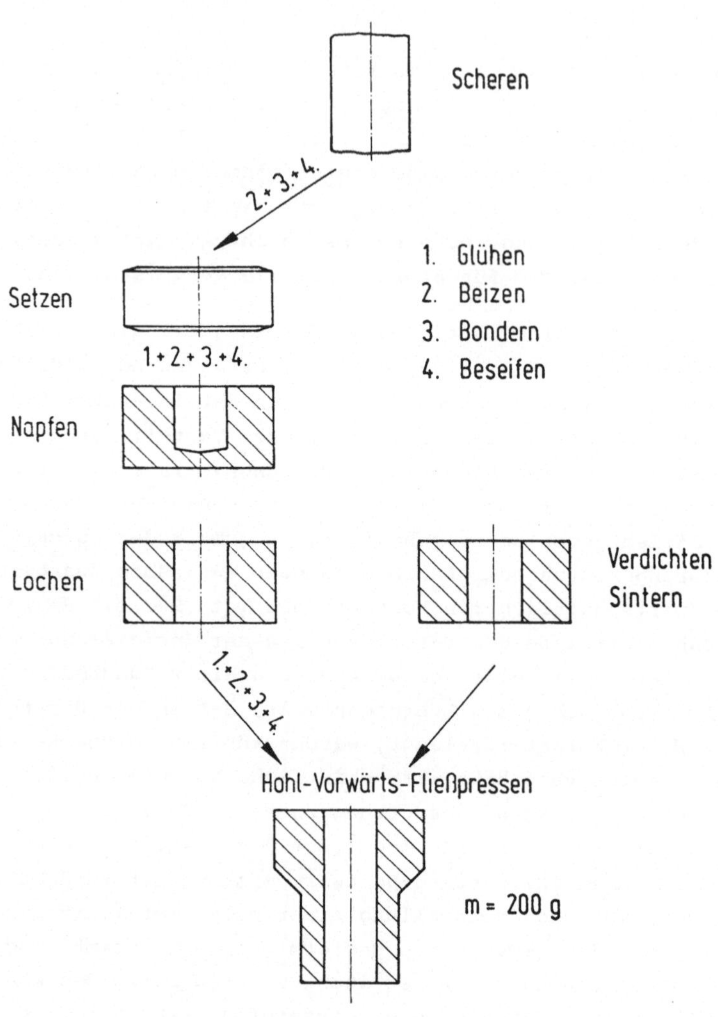

Bild 84: Stadienplan für ein einfach abgesetztes Hohlteil
(links: Kaltfließpressen, rechts: Sintern-Halbwarmfließpressen).

ventionelles Kaltfließpressen und zum anderen durch Halbwarmfließpressen einer pulvermetallurgischen Vorform hergestellt
werden sollte. Es wurde davon ausgegangen, daß die gesinterten
Pulvervorformen nach einer Zwischenlagerung wieder induktiv
auf Umformtemperatur erwärmt werden.

Bild 85 zeigt das Ergebnis der Rechnung. Die mit Index 1 bezeichneten beiden tiefer liegenden Kurven der beiden Verfahrensvarianten basieren auf einem Energiepreis, der dem Stand des
Jahres 1981 entspricht. Bei einem angenommenem Pulverpreis
von 1,90 DM/kg und einem Preis für den Kaltfließpreßwerkstoff
von 1,37 DM/kg liegt der Schnittpunkt dieser Kurven bei einer
Auftragsgröße von etwa 100 000. Für kleinere Auftragsgrößen
sollte die Verfahrensfolge Sintern-Halbwarmfließpressen, für
größere das konventionelle Kaltfließpressen kostengünstiger
sein.

Die mit Index 3 bezeichneten Kurven entsprechen einer Verdreifachung
der Energiekosten. Dabei ergibt sich für jede Variante eine
im Verhältnis zur Energiekostensteigerung nur geringe Zunahme der Herstellkosten. Der Schnittpunkt der beiden Kurven,
d. h. die Grenzstückzahl, die die beiden Wirtschaftlichkeits-
bereiche trennt, wandert dabei in Richtung auf größere Auftragsgrößen. Die Verfahrensfolge Sintern-Halbwarmfließpressen
wird daher mit steigenden Energiekosten wirtschaftlich attrak-
tiver. Diese Tatsache beruht auf dem geringen Energieanteil ,
der bei der Erzeugung des Pulvers im Vergleich zum Halbzeug
benötigt wird. Daher schlagen Energiekostensteigerungen bei
der Verfahrensfolge Sintern-Halbwarmfließpressen weniger stark
durch als beim Kaltfließpressen. Dies könnte ein maßgeblicher
Gesichtspunkt für eine künftige Anwendung dieser Verfahrensfolge sein.

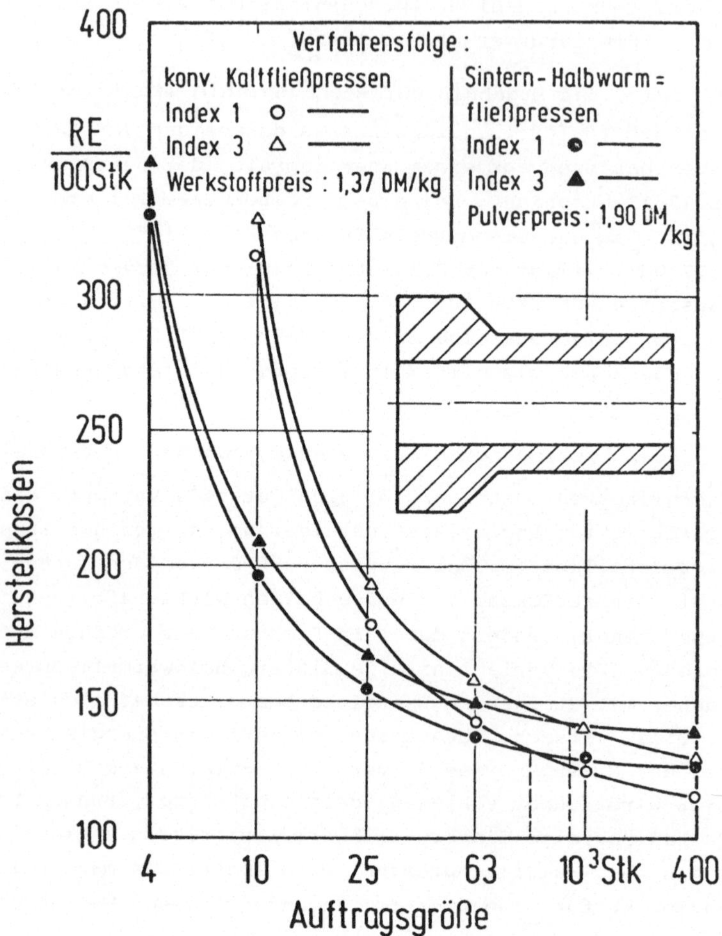

Bild 85: Einfluß der Auftragsgröße auf die Herstellkosten
(in Rechnungseinheiten je 100 Stück) der in
Bild B 85 dargestellten Verfahrensvarianten.

Die durch die Porosität gekennzeichneten Eigenschaften von
Sintermetallen, die sich gegenüber vergleichbaren schmelzmetallurgischen Werkstoffen durch verminderte statische und dynamische Festigkeitskennwerte auszeichnen, erfahren durch den
Fließpreßvorgang bei Temperaturen zwischen 600 °C und 900 °C
eine beträchtliche Verbesserung. In besonderem Maße werden
dabei die Zähigkeitskennwerte verbessert, die beim nicht umgeformten Sinterwerkstoff wegen der auf die Poren zurückgehenden
Kerbwirkung sehr niedrig liegen.

Die Untersuchung hatte zum Ziel, über die Ermittlung der mechanischen Eigenschaften zu einer Beurteilung der technologischen
Möglichkeiten der Verfahrensfolge Sintern-Halbwarmumformen
zu gelangen. Hierfür wurde ein Untersuchungsprogramm bearbei-
tet, das die Einflüsse von Rohteiltemperatur, Umformgrad,
Sinterverfahren, Sinterzeit, Sinteratmosphäre und Grünlingsdichte auf mechanische und metallurgische Eigenschaften der umgeformten Sinterwerkstoffe aufzeigt.

Die Untersuchungen zeigten, daß die Rohteiltemperatur mehr als
der Umformgrad die mechanischen Eigenschaften in weiten Grenzen beeinflußt. Die in den Zugversuchen ermittelten Bruchein-
schnürungs- und Bruchdehnungswerte liegen in der gleichen
Größenordnung wie für schmelzmetallurgische Werkstoffe. Gleichzeitig erfahren die Werkstoffe eine beträchtliche Festigkeitssteigerung, die werkstoff- und temperaturbezogen ist und in
einigen Fällen mehrere 100 % ausmacht. Die Kerbschlagarbeiten,
sonst bei porösen Sintermetallen nur wenige Joule betragend,
erreichen je nach Werkstoff und Sinterverfahren Werte zwischen
etwa 50 J und 225 J. Die beim Fließpreßvorgang auftretenden
Flächenpressungen bewirken zusammen mit der gegenüber Raumtemperatur reduzierten Fließspannung eine vollständige Verdichtung
des Werkstoffes. Hieraus ergeben sich ausgezeichnete Dauer-
festigkeitskennwerte, die sich wie diejenigen schmelzmetallurgischer Werkstoffe über die im Zugversuch ermittelten Kennwerte berechnen lassen.

Die Härte der fließgepreßten Teile wird im wesentlichen von der

Temperatur und dem Rekristallisationsverhalten des Werkstoffes beeinflußt.

Oberflächengüte und Maßgenauigkeit bewegen sich in einem Rahmen, der für halbwarmumgeformte, schmelzmetallurgische Werkstoffe typisch ist.

Zusammenfassend wird festgestellt, daß das durch den Umformvorgang erzeugte Eigenschaftsprofil mit dem schmelzmetallurgischer Werkstoffe vergleichbar ist.

Die für die Berechnung der Umformkräfte beim Fließpressen schmelzmetallurgischer Werkstoffe bekannten Ansätze führen auch bei den pulvermetallurgischen Werkstoffen zu Ergebnissen, die im Rahmen der Meßgenauigkeit eine befriedigende Übereinstimmung mit den gemessenen Werten ergeben.

Eine vergleichende Betrachtung zwischen dem konventionellen und dem induktiven Sintern zeigt, daß die mittels induktivem Kurzzeitsintern hergestellten Rohteile nach dem Fließpressen mechanische Eigenschaften aufweisen, die mit denen der konventionell gesinterten und fließgepreßten vergleichbar sind. Für eine mögliche Anwendung der Verfahrensfolge Sintern-Halbwarmfließpressen ist dieses Ergebnis von Bedeutung, da in der industriellen Fertigung das Wärmen der Rohteile in der Regel induktiv erfolgt. Hieraus ergeben sich Automatisierungsmöglichkeiten, die für eine rationelle Fertigung dieser Art unerläßlich sind. Der Kohlenstoff hat in diesem Zusammenhang eine hervorragende Bedeutung, da er wesentlich zur Reduktion der Oxide beiträgt. Die festigkeitssteigernde, jedoch auch versprödende Wirkung des Stickstoffs ist bei halbwarmfließgepreßten Werkstoffen mit kleinen bis mittleren Kohlenstoffgehalten weit geringer als bei kaltumgeformtem Sintereisen. Unter Berücksichtigung wirtschaftlicher und sicherheitstechnischer Gesichtspunkte kann der Stickstoff beim induktiven Sintern als eine Alternative zum reinen Wasserstoff als Sinteratmosphäre angesehen werden. Hinsichtlich des Energiebedarfs ist ein Vorteil des induktiven Sinterns gegenüber dem konventionellen Sintern nur geringfügig vorhanden. Die beim induktiven Sintern auftretenden hohen Temperaturen machen dieses Verfahren für den MCM-legierten Werkstoff besonders interessant. Hier wurden die höchsten Kerbschlagarbeiten von bis zu 225 J gemessen.

Das breite Spektrum der in die Untersuchungen einbezogenen Werkstoffe läßt eine Anwendung der Verfahrensfolge Sintern-Halbwarmfließpressen vom reinen Eisen bis hin zum Vergütungs-stahl möglich erscheinen.

Das Halbwarmumformen von Stahl, das in den vergangenen Jahren mehr und mehr Eingang in die industrielle Fertigung gefunden hat, könnte durch die Anwendung pulvermetallurgischer Vorfor-men eine Erweiterung erfahren, die wirtschaftliche Vorteile zunächst bei mittleren Stückzahlen erwarten läßt. Wirtschaft-liche Vorteile sind dann gegeben, wenn die Verwendung pulver-metallurgischer Vorformen zu einer Verkürzung und Rationali-sierung des Fertigungsablaufs bei gleichzeitiger Einsparung von Rohstoffen und Energie beiträgt. Eine Annäherung von Pul-verpreis und Halbzeugkosten der schmelzmetallurgischen Werk-stoffe könnte den Eingang der Verfahrensfolge Sintern-Halb-warmfließpressen in die industrielle Fertigung entscheidend beeinflussen.

Die aus den Ergebnissen der Untersuchung ableitbaren Möglich-keiten hinsichtlich einer technologischen Nutzung dieser Ver-fahrensfolge sind im wesentlichen sowohl auf andere Sinter-werkstoffe als auch auf andere Verfahren der Massivumformung und ggf. Kombinationen derselben übertragbar.

Schrifttum

[1]   Lange, K.: Energieeinsparung und Fertigungstechnik.
      wt-Z. ind. Fertig.,68 (1978) S. 535 - 537.

[2]   Zapf, G.: Optimum Materials and Energy Utilization in
      the Powder Metallurgy Production of Automotive Structural
      Parts. Powd. Met. Int.,Vol. 10 (1978) Nr. 3, S. 143 - 147.

[3]   Huppmann, W. J., Hirschvogel, M.: Powder forging. Int.
      Met. Rev.,(1978) Nr. 5, S. 209 - 239.

[4]   Schacher, H.-D.: Kaltmassivumformen von Sintermetall.
      Berichte aus dem Institut für Umformtechnik, Universität
      Stuttgart, Nr. 47. Essen: Girardet (1978).

[5]   Kuhn, H. A., Downey, C. L.: Deformation Characteristics
      and Plasticity Theory of Sintered Powder Materials. Int.
      J. Powd. Met.,7 (1971) 1, S. 15 - 25.

[6]   Green, R. J.: A Plasticity Theory for Porous Solids.
      Int. J. Mech. Sciences,14 (1972) S. 215 - 224.

[7]   Oyane, M., Shima, S., Kono, Y.: Theory of Plasticity for
      Porous Metals. Bulletin of the ISME,16 (1973) S. 1254 -
      1262.

[8]   Hirschvogel, M.: Beitrag zur Plastizitätstheorie poröser,
      kompressibler Materialien mit Anwendungen in der Pulver-
      metallurgie. Dr.-Ing.-Diss., Univ. Stuttgart (1975).

[9]   Höneß, H.: Über das plastische Verhalten von Sintermetal-
      len bei Raumtemperatur. Berichte aus dem Institut für
      Umformtechnik, Universität Stuttgart, Nr. 40. Essen:
      Girardet (1976).

[10] Schuhbauer, H. G.: Technological And Economic Comparison
      Of Sintered And Cold-Extruded Parts. Third European
      Powder Metallurgy Symposion (1971),Conf. Suppl. Part II
      S. 469 - 489.

[11] Ferguson, H.: The Manufacture Of Ball Bearing Races Via
      Cold Forming of P/M Preforms. Mod. Dev. in Powd. Met.,
      Vol. 11 (1977) S. 173 - 179.

[12] Kunio Obara, Yoshio Nishino, Yuichi Saito: The Cold For-
      ging Of Ferrous P/M Preforms. Mod. Dev. Powd. Metall,
      (ed. H. H. Hausner, W. E. Smith), Vol. 7 (1974) S. 423 -
      441 .

[13] N. N.: Cold Forging Shows Promise With Both Iron And
      Steel. Met. Progress, 12 (1973) S. 81 - 84.

[14] Kotschy, J., Marciniak, Z., Sobczyk, M.: Cold Forming of
      P/M Preforms By The Rocking - Die Method (Part 2). Int.
      J. Powd. Met., Vol. 12 (1976) Nr. 1, S. 5 - 7.

[15] Dower, R. J., Miles, G. I.: The production of mild steel
      rings by a combined powder metallurgy and cold forming
      process. Powd. Met., 3 (1976) S. 141 - 152.

[16] Stilz, M.: Umformverhalten legierter Sintereisen.
      Berichte aus dem Institut für Umformtechnik, Universität
      Stuttgart, Nr. 59. Berlin: Springer (1981).

[17] Lindner, H.: Massivumformen von Stahl zwischen 600 und
      900 °C, "Halbwarmschmieden". Fortschritt Berichte VDI Z.
      Reihe 2, Nr. 7, März (1966).

[18] Fritsch, G., Siegel, R.: Grundlegende Werkstoffunter-
      suchungen zum Halbwarmfließpressen. Neue Hütte, 11 (1966)
      Nr. 7, S. 396 - 400.

[19] Burgdorf, M.: Extrusion of steel in the temperature range
      between 20 and 700 °C. Metal Forming, 3 (1971), S. 76 - 79.

[20] Dorosko, V. I., Lescinskij, V. M., Andrjuscuk, A. A.:
      Untersuchung der mechanischen Eigenschaften von unle-
      gierten und niedriglegierten Stählen nach dem Halbwarm-
      fließpressen. Metallovedenie i techniceskaja obvabotka
      metallov. Moskva, 2 (1976) S. 57 - 58.

[21]   Hawkins, D. N.: The structure and properties of warm-
        extruded mild steel. Metal science, 4 (1976) S. 113 - 121.

[22]   Binder, H.: Untersuchungen über das Halbwarmfließpressen
        Ind. Anz. 99 Jg. Nr. 29 (1977), S. 512 - 513.

[23]   Geiger, R., Dannenmann, E., Stefanakis, J.: Untersuchun-
        gen zum Halbwarmfließpressen von Stahl. Berichte aus
        dem Institut für Umformtechnik, Nr. 41, Verlag Girar-
        det (1976).

[24]   Mamalis, A. G., Johnson, W., Marczinski, H. J.: A
        Current State Review Of The Warm-Working Of Metals.
        18. Int. machine tool design and research conf. proc.,
        London (1977) S. 173 - 182.

[25]   Hawkins, D. N., Tsinopoulos, G.: Effect Of Warm Extrusion
        On The Structure And Properties Of Low-Carbon-Steels.
        J. mech. working techn., 2 (1978) S. 161 - 177.

[26]   Hirschvogel, M.: Recent Developments In Industrial
        Practice Of Warm Working. J. mech. working techn., 2
        (1979) S. 317 - 332.

[27]   Diether, U.: Fließpressen von Stahl im Temperaturbereich
        773 K (500 °C) bis 1073 K (800 °C). Berichte aus dem
        Institut für Umformtechnik, Universität Stuttgart.
        Nr. 54. Essen: Girardet (1979).

[28]   Doege, E., Melching, R., Kowallick, G.: Investigations
        Into The Behaviour Of Lubricants And The Wear Resistan-
        ce Of The Die Materials In Hot And Warm Forging. J.
        mech. working techn., 2 (1978) S. 129 - 143.

[29]   Matthes, H.: Tribologische Probleme beim Halbwarmfließ-
        pressen. Draht 29, (1978) Nr. 6, S. 337 - 339.

[30]   Marx, J. B., Davies, R., Guest, T. L.: Some Considerations
        Of The Hot Forging Of Powder Preforms. IIth Int. M.T.D.R.
        Conf. Proc., Vol. B, (1970) S. 729 - 743. Birmingham
        1970.

[31]   Niessen, J.: Production Experience   in Forging P/M
       Parts. Fall powder metallurgy conf. proc.,Detroit (1971)
       S. 313 - 322.

[32]   Davies, R., Negm, M.: The effects of some process
       variables on the as-forged properties of a powder-
       forged Ni-Mo alloy steel. Powd. Met.,(1977) No 1,S.39-47.

[33]   Donachie, S. J.: Low Flow Stress Hot Forming Of Ferrite.
       Mod. Dev. Powd. Met., Vol. 7 (1974) S. 341 - 358.

[34]   Negm, M., Davies,R.: The Hot Extrusion Of Metal Powder
       Preforms. 15th Int. Mach. Tool Design + Research Conf.
       Proc., (1974) S. 637 - 643, Birmingham (1974).

[35]   Guichelaar, P. J., Pehlke, R. D.: Gas Metal Reactions
       During Induction Sintering. 1971 Fall Powder metall.
       conf. proc., (ed. S. Mocarski), (1972) S. 109 - 127,
       New York, Metal powder industries federation.

[36]   Vernia, P.: Short Cycle Sintering By Induction Heating.
       Modern dev. powd. metall., Vol. 4 (1971) S. 475 - 486.

[37]   Gemenetzis, V.: Induktionssintern von Formteilen aus
       unlegiertem und legiertem Sinterstahl. Seminar S-3-319-
       II-9 Material- und Energieeinsparung durch moderne Ver-
       fahren der Pulvermetallurgie, Haus der Technik, Essen,
       März 1979.

[38]   Gemenetzis, V., Gräber, R., Thümmler, F.: Induktions-
       sintern von Formteilen. Z. Werkstofftech. 10 (1979)
       S. 436 - 441.

[39]   Andrej, S., Leitner, G., Hermel, W.: Eigenschaften von
       induktionsgesintertem Mangansinterstahl aus Hametag-
       Eisenpulver. Pokroky Praskove Metalurgical Sumperk
       (1979) 2/3, S. 41 - 64.

[40]   Kegel, K.: Die Praxis der induktiven Warmbehandlung.
       Springer-Verlag, Berlin /Göttingen /Heidelberg, 1961.

[41]   N. N.: New Developments in WPL 200 Iron Powders. Met.
       Powd. rep. 33 (1978) H. 11, S. 520 - 521.

[42]   Schlieper, G.: Untersuchungen zur Eigenschaftsopti-
       mierung an mehrfach legierten Sinterstählen. Dr.-Ing.-
       Diss.,Univ. Karlsruhe (TH), (1979).

[43]   Reed-Hill, R. E.: Physical Metallurgy Principles. D.
       Van Nostrand Comp., London (1967).

[44]   Zapf, G., Hoffmann, G., Dalal, K.: Effect Of Additio-
       nal Alloying Elements On The Properties Of Sintered
       Manganese Steels. Powd. Metall.,Vol. 18 (1975) S. 214 -
       236.

[45]   Zapf, G., Hoffmann, G., Dalal, K.: Mit einer Vorle-
       gierung hergestellte hochfeste und vergütbare mangan-
       legierte Sinterstähle. Arch. Eisenhüttenwes.,46 (1975)
       Nr. 5, S. 347 - 352.

[46]   Retelsdorf, H.-J., Fichte, R. M., Hoffmann, G., Dalal,K.:
       Basislegierungspulver für die Herstellung von legierten
       Sinterstählen. Metall 29 (1975) Nr. 10,S. 1002 - 1006.

[47]   Zapf, G., Dalal, K.: Introduction of High Oxigen Affini-
       ty Elements Manganese, Chromium, and Vanadium in the
       Powder Metallurgy of P/M Parts. Mod. dev. powd. metall.
       (ed. Hausner H. H., Taubenblat, P. W.) Vol. 10 (1977)
       S. 129 - 152.

[48]   Lange, K., Kling, E.: Stand und Entwicklung der Kalt-
       massivumformung, Teil I. Draht 32 (1981) H. 1, S. 25 -
       30.

[49]   German, R. M.: Strength Dependence on Porosity for
       P/M Compacts. Int. J. Powd. Metall.+ Powd. Techn. Vol. 13
       (1977) No 4, S. 259 - 271.

[50]   Krishtal, M. A.: Diffusion Porcesses in Iron Alloys.
       Israel Program for Scientific Translations, Jerusalem
       (1970).

[51]   Davies, J., Simson, P.: Induction Heating Handbook
McGraw-Hill, London, 1979.

[52]   Euler, K.-J.: Elektrische Leitfähigkeit von kompri-
mierten Metallpulvern. Planseeber. f. Pulvermetallurgie,
Bd. 27 (1979) S. 15 - 31.

[53]   Kellock, B. C.: Energy Conservation in Manufacturing.
Machin. + Product. Eng. 1976 (7. Juli) S. 13 - 16.

[54]   Bocchini, G. F.: The Powder Metallurgy From The Stand-
point Of Energy Consumptions. 5th European Symposium
on Powder Metallurgy, Proc., Stockholm 4.-8. Juni (1978)
Bd. 1. S. 26 - 31.

[55]   Fritsch, G., Behr, K.-A.: Berechnung der Formänderungs-
geschwindigkeit bei den wichtigsten Verfahren der Massivumformung. Fertigungstechnik und Betrieb 17 (1967)
S. 734 - 737.

[56]   Bäcker, L., El Haik, R., Roger, Y.: dévelopement du for-
geage à froid,source d' économie d' énergie et de
matière. Revue de Metallurgie,(1979) Mai, S. 305 - 322.

[57]   Grosch, J., Jäniche, H.: Kaltstrangpressen von Aluminium.
Zeitschr. f. wirtsch. Fertigung 74 (1979) H. 2, S. 615 -
623.

[58]   Negm, M., Davies, R.: The Hot Extrusion of Metal Powder
Preforms. 15th Int. Mach. Tool Des. Research Conf. Proc.,
Birmingham (1974) S. 637 - 643.

[59]   Lange, K.: Lehrbuch der Umformtechnik, Bd. 2 Massivumformung. Springer Verlag,Berlin Heidelberg New York,
(1974).

[60]   Cottrell, A. H.: Theory of Brittle Fracture in Steel
and Similar Metals. T. A. I. M. E, Vol. 212 (1958)
S. 192 - 203.

[61]   Dautzenberg, N., Hewing, J.: Reaction Kinetics During
Sintering of Mixed Alloyed Steels of Iron and Graphite
Powders. Powd. Metall. Int.,Vol. 9. (1977) No 1, S. 16 -
19.

[62]   Ferguson, H.: The Heat Treatment Of P/M Parts. Progress
        in Powd. Met.,Vol. 30 (1974) S. 103 - 118.

[63]   Hußmann, W.: Kerbschlagarbeit von Baustahl Maß für
        Sprödbruchneigung. Bänder Bleche Rohre (1980) H. 8,
        S. 360 - 363.

[64]   Moyer, K. H.: The Effect of Residual Porosity and Flow
        on the Mechanical Properties of Hot Upset 1.9 Ni-0,5 Mo
        Steel Powder Preforms. Progress in powder metallurgy,
        (ed. G. D. Smith), Vol. 31 (1975) S. 111 - 118, Prin-
        ceton, NJ, Metal Powder Industries Federation.

[65]   Bockstiegel, G., Blände, C. A.: The Influence Of Slag
        Inclusions And Pores On Impact Strength And Fatique
        Strength Of Powder Forged Iron And Steel. 4. Europ.
        Sympos. über Pulvermet. Grenoble, Mai (1975) 7-6-1 bis
        7-6-21.

[66]   Antes, H. W., Stockl, P. L.: The Effect Of Deformation
        On Tensile And Impact Properties Of Hot PM-Formed
        Nickel-Molybdenum Steels. Powd. Metallurgy Vol. 17
        (1974) No 33 S. 178 - 193.

[67]   Cook, J. P.: The Effect Of Sintering Temperature And
        Flow On The Properties Of AISI 4027 Hot P/M Formed
        Materials. Progress in Powder Metallurgy (ed. R. F.
        Halter) Vol. 30, (1974) S. 173 - 186, Princeton, NJ,
        Metal Powder Industries Federation.

[68]   Hoffmann, G., Dalal, K.: Optimierung warmgepreßter
        Sinterstähle - Mechanische Eigenschaften, Bruchverhal-
        ten und Wirtschaftlichkeit. Z. f. Werkstofftechnik 7
        (1976) S. 393 - 408.

[69]   Kuhn, H. A., Downey, C. C.: How Flow and Fracture
        Affect Design of Preforms for Powder Forging.Int. Journ.
        Powd. Metall. + Powder Techn.,Vol. 10 (1974) No 1,
        S. 59 - 66.

[70]   Lindskog, P., Grek, S. E.: Reduction Of Oxide Inclusions
       In Powder Preforms Prior To Hot Forming. Mod. Dev. in
       Powd. Metall, Vol. 7 (1974) S. 285 - 301.

[71]   Zapf, G., Hoffmann, G., Dalal, K.: Entwicklung mit Hilfe
       des Warmpreßverfahrens hergestellter Sinterstähle mit
       optimaler Warmstreckgrenze, Dauerfestigkeit und Kerb-
       schlagzähigkeit - Teil 2. Z. f. Werkstofftechnik 6 Jg.
       (1975) Nr. 12, S. 424 - 432.

[72]   Razim, C.: Dauerschwingfestigkeitsverhalten von Eisen-
       sinterwerkstoffen unter besonderer Berücksichtigung des
       Automobilbaus. Z. f. wirtsch. Fertig. 73 (1978) H. 9,
       S. 451 - 456.

[73]   Just, E.: Brucheinschnürung und Schwingfestigkeit.
       VDI-Fortschritt-Bericht Reihe 5 Nr. 28 (1976).

[74]   Wilhelm, H.: Untersuchungen über den Zusammenhang zwi-
       schen Vickershärte und Vergleichsformänderung bei Kalt-
       umformvorgängen. Berichte aus dem Inst. f. Umformtech-
       nik, Nr. 9, Verlag Girardet (1969).

[75]   Fischmeister, H. F., Aren, B., Easterling, K. E.: De-
       formation And Densification Of Porous Preforms In Hot
       Forging. Powd. Metall, Vol. 14 (1971) No 27, S. 144 - 163.

[76]   Salak, A., Miskovic, V., Dudrova, E., Rudnayova, E.: The
       Dependence of Mechanical Properties of Sintered Iron
       Compacts upon Porosity. Powd. Met. Int., Vol. 6 (1974)
       No 3, S. 128 - 132.

[77]   Aren, B. G. A., Olsson, L., Fischmeister, H. F.: The
       Influence of Presintering and Forging Temperature in
       Powder Forging. Powd. Metall. Int.,Vol. 4 (1972) No 3,
       S. 117 - 123.

[78]   Kaufman, S. M., Mocarski, S.: The Effect of Small
       Amounts of Residual Porosity on the Mechanical Proper-
       ties of P/M Forgings. Int. J. Powd. Metall, (1971)
       No 7, S. 19 - 30.

[79]   Koval'chenko, M. S., Gavrilenko, A. P.: Densification of
a Porous Body During Hot Extrusion. Poroshkovaya Metal-
lurgiya, 161 (1976) No 5, S. 82 - 90.

[80]   Kahlow, K. J., Avitzur, B.: Void Behavior As Influen-
cend By Pressure And Plastic Deformation. J. Engineering
f. Ind., (1974) Aug., S. 901 - 911.

[81]   Moyer, K. H.: The Effect Of Sintering Temperature
(Homogenization) On the Hot Formed Properties Of
Prealloyed And Admixed Elemental Ni-Mo Steel Powders.
Progress in Powd. Metall. (ed.R. F. Halter) Vol. 30,
(1974) S. 193 - 205.

[82]   Brown, G. T., Steed, A.: A Comparison Of The Mechanical
Properties Of Some Powder-Forged And Wrought Steels.
Powd. Metall. Vol. 17, (1974) No 33, S. 157 - 177.

[83]   Kowallick, G.: Vergleichende Untersuchungen über das
Halbwarm- und Warmpressen von Stahl. Ind. Anz. 101 Jg.
(1979) Nr. 19, S. 35 - 36.

[84]   Lindskog, P., Hulthen, S.: Properties of Some Sintered
Steels Based on Atomized and Reduced Iron Powders. 2nd
European Symposium on Powder Metallurgy, proc. S. 6 -
17, Stuttgart (1968).

[85]   Hoffmann, G., Dalal, K.: Correlation Between Individual
Mechanical Properties And Fracture Analysis Of Hot Formed
P/M Steels. Mod. Dev. Powd. Metall, Vol. 10, (1977)
S. 171 - 198, Princeton, NJ, Metal Powder Industries Fed-
eration.

[86]   Fischer, W. A., Soraruf, K. A., Hoffmann, A.: Der Einfluß von Stickstoffgehalten zwischen < 0,002 und 0,016 %
in Reineisen mit 0,002 bis 0,065 % C und 0,001 bis
0,163 % O auf die mechanischen Eigenschaften und das
Sprödbruchverhalten nach Normalglühen und künstlicher
Alterung. Arch. Eisenhüttenwesen 39 (1968) H. 1, S. 57 -
67.

[87]   Wassermann, G., Grewen, J.: Texturen metallischer Werk-
       stoffe. Springer Verlag ,Berlin /Göttingen /Heidelberg
       (1962).

[88]   Huppmann, W. J.: Forces During Forging of Iron Powder
       Preforms. Int. J. Powd. Met. + Powd. Techn. Vol. 12
       (1976) Nr. 4, S. 275 - 279.

[89]   Glover, G., Sellars, C. M.: Recovery and Recrystalli-
       zation During High Temperature Deformation of α-Iron.
       Met. Trans. Vol. 4 (1973) S. 765 - 776.

[90]   Billigmann, J., Feldmann, H. D.: Stauchen und Pressen.
       Carl Hanser Verlag, München (1973).

[91]   Avitzur, B.: Metal Forming Processes And Analysis.
       McGraw Hill, New York (1968).

[92]   Lange, K., Glöckl, H., Rebholz, M.: Veränderung der
       Herstellkosten spanend und umformend gefertigter Werk-
       stücke bei Erhöhung der Energiekosten. Wt-Z. ind.
       Fertig. 69 (1979) S. 521 - 525.

Berichte aus dem Institut für Umformtechnik der Universität Stuttgart

Herausgeber Professor Dr.-Ing. Kurt Lange

Die Berichte 1 bis 28 sind zu beziehen durch das Institut für Umformtechnik, Holzgartenstr. 17, 7000 Stuttgart 1
Die Berichte 29 bis 50 sind zu beziehen durch den Verlag W. Girardet, Postfach 9, 4300 Essen

Die Berichte 51 und folgende sind zu beziehen durch den Springer-Verlag, Berlin Heidelberg New York